中等职业教育"十三五"规划教材
中国煤炭教育协会职业教育教学与教材建设委员会审定

机 械 制 图

（第 2 版）

主　编　张映锟
副主编　李文君

U0315053

煤炭工业出版社

·北　京·

内 容 提 要

本书较全面地介绍了机械制图国家标准和制图的基本知识，点、线、面及立体的投影原理和方法，标准件和常用件的规定画法，零件图和装配图的表达方法等内容。

本书是中等职业学校矿山工程专业的教学用书，也可作为中等职业学校其他专业教学用书以及从事有关机械工程的技术人员的参考用书。

煤炭中等专业教育分专业教学与教材建设委员会

（采矿技术类专业）

修　订　说　明

为满足煤炭行业对《采矿技术》专业中等专业技术人才的需求，进一步搞好职业教育教学与教材建设，2017 年 2 月，煤炭工业出版社组织修订该教材。

本次修订，以适应本专业培养目标的变化，以及对技术技能型人才培养的要求，针对中等职业教育的特点，严格执行有关的最新国家标准，以应用为目的，以必须、够用为原则，以掌握概念、强化应用为重点，贯穿"少而精"的思路，精缩理论知识，增加了技能训练，可以开展课堂"教、学、做一体化"教学，使教材更加实用。

本次修订由张映锟同志担任主编，李文君同志担任副主编。参加编写工作的有：甘肃煤炭工业学校张映锟（编写第一章、第二章、第三章），河南工程技术学校李文君（编写第七章、第八章），甘肃煤炭工业学校柴中惠（编写第四章、第五章、第六章、第九章、附表）。

由于编者水平所限，书中可能存在错误之处，敬请相关专家、学者指正。

中国煤炭教育协会职业教育
教学与教材建设委员会
2017 年 5 月

前　　言

为贯彻落实《教育部办公厅、国家安全生产监督管理总局办公厅、中国煤炭工业协会关于实施职业院校技能型紧缺人才培养培训工程的通知》（教职成厅〔2008〕4号）精神，加快煤炭行业专业技能型人才培养培训工程建设，培养一批煤炭生产一线需要，具有与本专业岗位群相适应的文化水平和良好职业道德，了解矿山企业生产过程，掌握本专业基本专业知识和技术的技能型人才，经教育部职成司教学与教材管理部门的同意，中国煤炭教育协会依据"采矿技术"专业教学指导方案，组织煤炭职业学（院）校专家、学者编写了采矿技术专业系列教材。

《机械制图》一书是中等职业教育规划采矿技术专业教材中的一本，可作为中等职业学校采矿技术专业基础课程教学用书，也可作为在职人员培养提高的培训教材。

本书由张映锟担任主编，李文君担任副主编。参加编写工作的有：甘肃煤炭工业学校张映锟（编写绪论、模块一、模块二、模块三、附录），河南工程技术学校李文君（编写模块七、模块八），甘肃煤炭工业学校柴中惠（编写模块四、模块五、模块六、模块九）。

中国煤炭教育协会职业教育

教学与教材建设委员会

2011 年 5 月

目　　次

第一章 机械制图的基本知识与技能

第一节 机械制图有关国家标准摘录

为了统一图样的画法，提高生产效率，便于技术交流、档案保存和出版物的发行，国家质量技术监督局颁布了一系列有关制图的国家标准（简称"国标"或 GB），以"GB"开头的为强制性标准，以"GB/T"开头的为推荐性标准。

一、图纸幅面及格式（GB/T 14689—2008）

1. 图纸幅面

绘制技术图样时优先采用代号为 A0、A1、A2、A3、A4 的 5 种基本幅面（第一选择），与 ISO 标准规定的幅面代号和尺寸完全一致。基本幅面的尺寸见表 1-1。

表 1-1 基本幅面的代号、尺寸及图框尺寸　　　　　　　mm

幅面代号		A0	A1	A2	A3	A4
尺寸 $B \times L$		841×1189	594×841	420×594	297×420	210×297
边框	a	25				
	c	10			5	
	e	20		10		

在 5 种基本幅面中，各相邻幅面的面积大小均相差一倍，如 A0 为 A1 幅面的两倍。幅面尺寸中，B 表示短边，L 表示长边。

2. 图框格式和尺寸

在图纸上必须用粗实线画出图框，其格式分为不留装订边和留有装订边两种，同一产品中所有图样均应采用同一种格式。两种格式如图 1-1 所示，尺寸按表 1-1 的规定画出。

二、标题栏（GB/T 10609.1—2008）

每张图样上均应画出标题栏，通常位于图框的右下角如图 1-2 和图 1-3 所示。标题栏中的"年、月、日"的写法和顺序应按 GB/T 7408—2005 的规定，在下列示例中任选一种使用，如 20150630（不用分隔符），2015-06-30（用连字符分隔），2015 06 30（用间隔字符分隔）。

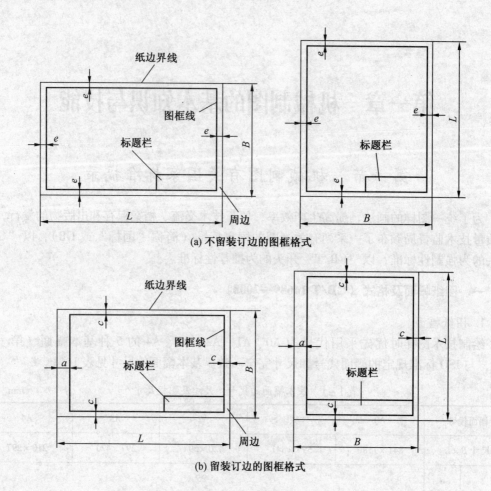

(a) 不留装订边的图框格式

(b) 留装订边的图框格式

图 1-1　图纸幅面及格式

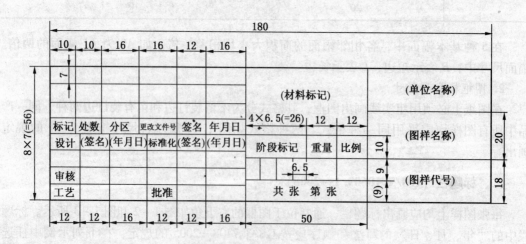

图 1-2　标题栏格式

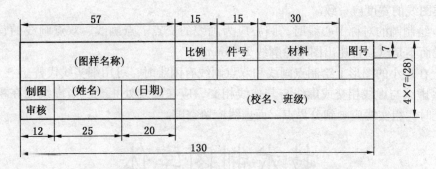

图 1-3　标题栏格式（作业中推荐使用）

三、比例（GB/T 14690—1993）

比例是指图样中机件要素的线性尺寸与实际机件相应要素的线性尺寸之比，所用比例应符合表 1-2 中的规定。

表 1-2　比 例 系 列

种　类	比　例	
	第　一　系　列	第　二　系　列
原值比例	1 : 1	
缩小比例	1 : 2　　1 : 5　　1 : 10 $1:2 \times 10^n$　$1:5 \times 10^n$　$1:1 \times 10^n$	1 : 1.5　　1 : 2.5　　1 : 3　　1 : 4　　1 : 6 $1:1.5 \times 10^n$　$1:2.5 \times 10^n$　$1:3 \times 10^n$　$1:4 \times 10^n$　$1:6 \times 10^n$
放大比例	5 : 1　　2 : 1 $5 \times 10^n:1$　$2 \times 10^n:1$　$1 \times 10^n:1$	4 : 1　　2.5 : 1 $4 \times 10^n:1$　$2.5 \times 10^n:1$

注：n 为正整数。

四、字体（GB/T 14691—1993）

1. 汉字

汉字应采用长仿宋字，字的大小应按字号规定，字体的高度代表字体号数。高度（h）尺寸系列为 1.8、2.5、3.5、5、7、10、14 和 20 等 8 种。若需书写更大的字，字体高度按 $\sqrt{2}$ 的比率递增，写汉字时字号不能小于 3.5，字宽一般为 $h/\sqrt{2}$。

长仿宋汉字的特点是：横平竖直、起落有锋、粗细一致、结构匀称。图 1-4 所示是长仿宋体汉字示例。

2. 字母和数字

在图样中，字母和数字可写成斜体，斜体字字头向右倾斜，与水平基准线成 75°。图 1-5 所示是拉丁字母和数字书写示例。

五、图线及画法（GB/T 4457.4—2002）

绘制图样时，应采用表 1-3 所规定的图线。图线应用示例如图 1-6 所示。

（1）在机械图样中只采用粗、细两种线宽，它们之间的比例为 2 : 1，在同一张图样中，同类图线的宽度应一致。

（2）绘制圆的对称中心线时，圆心应为画线的交点。点画线、双点画线的首末两端应是画线而不是点，且超出图形轮廓线2~5mm。

（3）在较小的图形上绘制点画线和双点画线有困难时，可用细实线代替。

（4）虚线与虚线相交或虚线与其他线相交，应在画线处相交。当虚线处在粗实线的延长线上时，粗实线应画到分界点，而虚线应留空隙。

技术制图字体

字体端正 笔画清楚 排列整齐 间隔均匀

写仿宋体要领： 横平竖直 注意起落 结构匀称 填满方格

图1-4 长仿宋字汉字示例

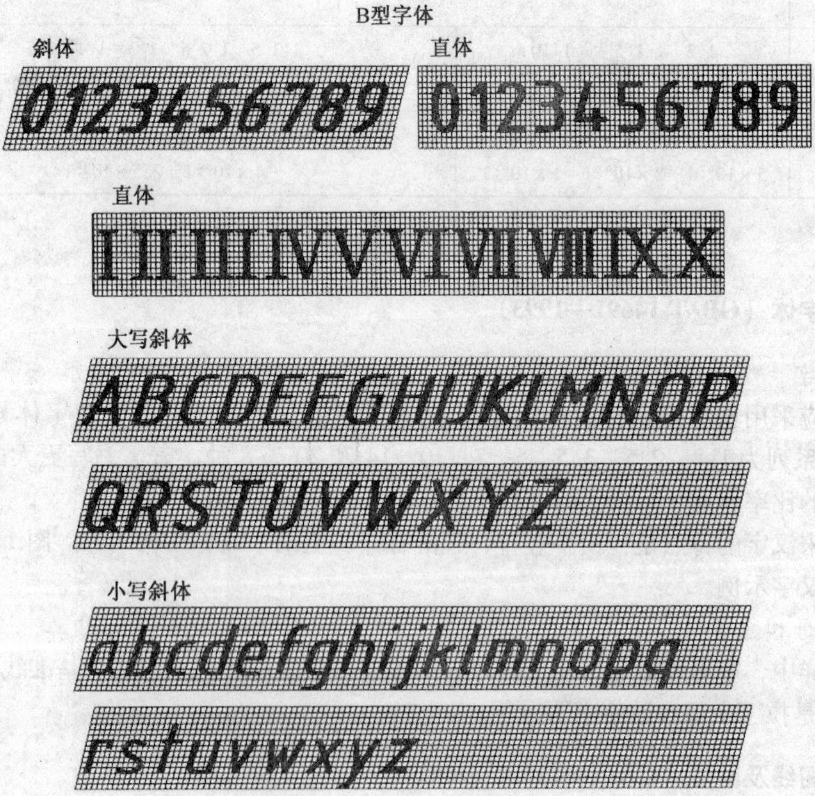

B型字体

斜体 *0123456789* 直体 0123456789

直体 Ⅰ Ⅱ Ⅲ Ⅳ Ⅴ Ⅵ Ⅶ Ⅷ Ⅸ Ⅹ

大写斜体 *ABCDEFGHIJKLMNOP*

QRSTUVWXYZ

小写斜体 *abcdefghijklmnopq*

rstuvwxyz

图1-5 字母和数字示例

表1-3 基本线型

代号	线型	名称	线宽	主要用途
01.1		细实线	$d/2$	尺寸线、尺寸界线、指引线、剖面线、重合断面的轮廓线、螺纹牙底线、齿轮的齿根圆（线）
01.2		粗实线	$d=0.5\sim2mm$，应优先采用0.5或0.7mm	可见轮廓线，可见棱边
02.1	$12d$ $3d$	细虚线	$d/2$	不可见棱边线，不可见轮廓线
04.1		细点画线	$d/2$	轴线、中心线、对称线、分度圆（线）、剖切线
03.1	波浪线 $4d$ $24d$ $6d$ $30°$	波浪线 双折线	$d/2$	断裂处边界线、视图与剖视的分界线（在同一张图样上只能采用其中一种线型）
02.2		粗虚线	d	允许表面处理的表示线
04.2		粗点画线	d	限定范围表示线
05.1	$9d$ $24d$	细双点画线	$d/2$	相邻辅助零件的轮廓线，可动零件的极限位置的轮廓线，假想投影的轮廓线

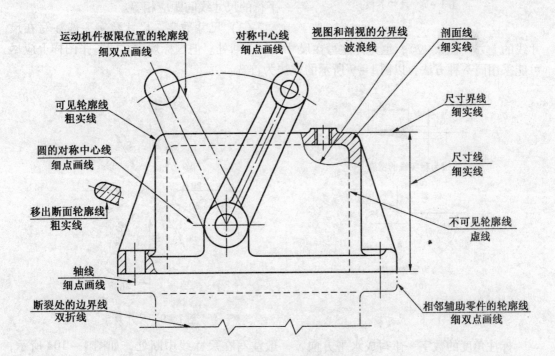

图1-6 图线应用示例

六、尺寸注法（GB/T 4458.4—2003、GB/T 16675.2—1996）

图样除了表达形体的形状外，还应标注尺寸，以确定其真实大小。

1. 基本规则

（1）图样上所标注的尺寸数值就是机件实际大小的数值。它与画图时采用的缩、放比例无关，与画图的精确度也无关。

（2）图样上的尺寸以 mm 为计量单位时，不需要标注单位代号或名称。若应用其他计量单位时，则必须注明相应的计量单位的代号或名称，例如，角度为 30 度 10 分 5 秒，则在图样上应标注成 30°10′5″。

（3）国标规定，图样上标注的尺寸是机件的最后完工尺寸，否则要另加说明。

（4）机件的每个尺寸，一般只在反映该结构最清晰的图形上标注一次。

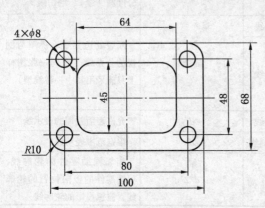

图 1-7 尺寸界线

2. 尺寸要素

（1）尺寸界线。尺寸界线用细实线绘制，并由图形的轮廓线、对称中心线、轴线等处引出，如图 1-7 所示。也可利用轮廓线、对称中心线、轴线作为尺寸界线。

（2）尺寸线。尺寸线用细实线绘制，尺寸线的终端可以是箭头或 45° 细斜线两种形式，如图 1-8 所示。当尺寸线与尺寸界线相互垂直时，同一张图中只能采用一种尺寸线终端形式，机械图样中一般采用箭头。相互平行的尺寸线间距应相等。

（3）尺寸数字。尺寸数字一般注写在尺寸线的上方（图 1-7），也允许注写在尺寸线的中断处。但国标规定在同一张图样上应尽可能采用同一种方法，以图 1-9 所示的方法为首选。

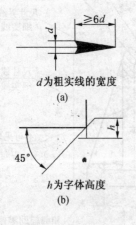

图 1-8 尺寸线

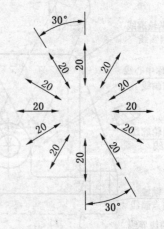

图 1-9 尺寸数字

标注角度的数字一律写成水平方向，一般注写在尺寸线中断处，如图 1-10a 所示，必要时可引出标注，或将数字书写在尺寸线上方，如图 1-10b 所示。尺寸数字不可被任何图线所通过，否则应将图线断开。

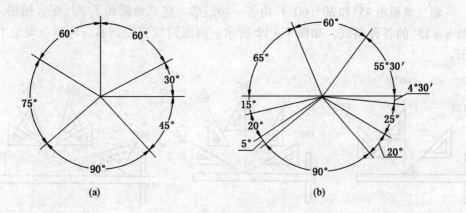

图 1-10　角度数字标准

第二节　制图的基本技能

一、绘图工具、仪器及其用法

正确使用绘图工具和仪器是提高绘图速度，保证绘图质量的一个重要方面。这里介绍常用的几种绘图工具、仪器及其用法。

1. 图板

图板是用来固定图纸进行绘图的木板，要求平整、光滑，木质软硬适中。如图 1-11 所示。

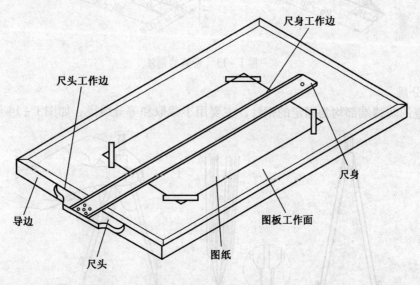

图 1-11　图板与丁字尺

2. 丁字尺

丁字尺主要用来画水平线。由尺头和尺身构成，如图 1-11 所示。

3. 三角板

一副三角板由45°和30°（60°）角各一块组成。将三角板和丁字尺配合使用，可画直线及 $n \times 15°$ 的各种斜线，如图1-12所示。画图时应自左向右，画垂线时应自下而上画出。

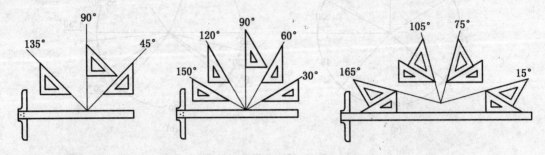

图1-12　用三角板与丁字尺画特殊角度线

4. 铅笔

代号 B、H 表示铅芯的软硬程度。B 前的数值越大表示铅芯越软，画出图线的颜色越深；H 前的数值越大表示铅芯越硬，画出图线的颜色越浅；HB 表示铅芯软硬程度中等，一般用于书写。铅笔的削法如图1-13所示。

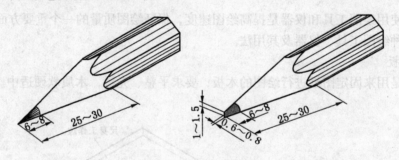

图1-13　铅笔的削法

5. 分规

分规的两腿端部均为固定的钢针，主要用于截取和等分线段，如图1-14所示。

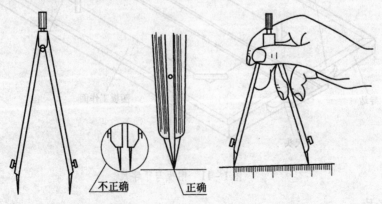

不正确　　正确

图1-14　分规构造及使用方法

6. 圆规

圆规主要用来画圆和画弧，其构造和附件如图 1-15 所示。

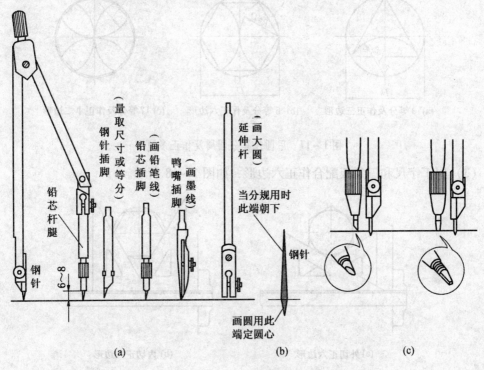

图 1-15　圆规构造

二、等分圆周及正多边形的画法

（1）用丁字尺和三角板等分圆周为 4、6、8、12、24 等份，如图 1-16 所示。

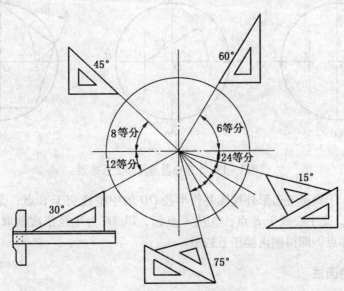

图 1-16　用丁字尺和三角板配合等分圆周

（2）用圆规等分圆周成 3、6、12 等份及作正多边形，如图 1－17 所示。

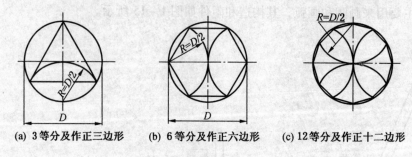

（a）3 等分及作正三边形　　（b）6 等分及作正六边形　　（c）12 等分及作正十二边形

图 1－17　用圆规等分圆周及作正多边形

（3）用丁字尺和三角板配合作正六边形，如图 1－18 所示。

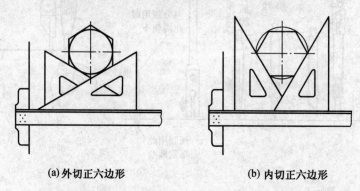

（a）外切正六边形　　　　　　　（b）内切正六边形

图 1－18　用丁字尺和三角板配合作正六边形

（4）圆的 5 等分及正五边形的画法，如图 1－19 所示。

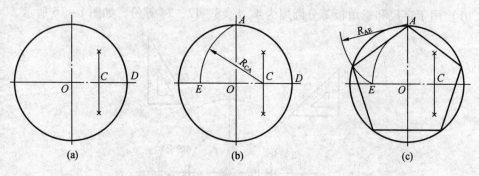

（a）　　　　　　　　　　　（b）　　　　　　　　　　　（c）

图 1－19　5 等分圆周及作正五边形

作图步骤：①画正五边形外接圆并作半径 *OD* 的中垂线交于 *C* 点；②以 *C* 点为圆心，*CA* 为半径画弧，交中心线于 *E* 点；③从 *A* 点起，以 *AE* 为半径依次截取圆周得 5 个等分点，连接相邻各点，即得圆内接正五边形。

三、斜度的画法

一直线（或平面）对另一直线（或平面）的倾斜程度称为斜度。其大小用这两条直线（或两平面）夹角的正切值来表示，如图 1-20 所示。

$$斜度 = \tan\alpha = H : L = 1 : \frac{L}{H} = 1 : n$$

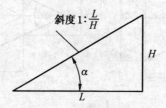

图 1-20 斜度的定义

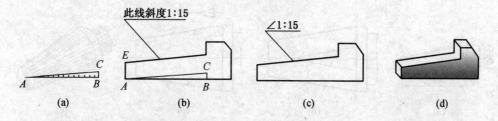

图 1-21 斜度的作法、标注及实例

【例 1-1】求作 1:15 的斜度。

解 作图步骤： 在水平线上取 AB 并 15 等分，过 B 作垂线并取 BC 等于 1 等分，连接 AC，即为 1:15 的斜度，如图 1-21a 所示；过 E 作 AC 的平行线，既得所求斜度线，如图 1-21b 所示；标注斜度时，用符号表示，如图 1-21c 所示。斜度符号按图 1-22a 绘制，符号方向应与斜度方向一致。

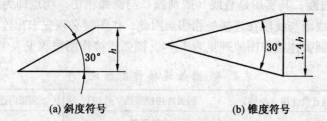

(a) 斜度符号　　　　　　(b) 锥度符号

（注：字体高度为 h，符号线宽为 $h/10$）

图 1-22 斜度、锥度符号画法

四、锥度的画法

正圆锥的底圆直径与其高度之比称为锥度，如图 1-23a 所示。对于圆台，锥度则为两底圆直径之差与其高度之比，如图 1-23b 所示。锥度符号按图 1-22b 所示绘制，符号方向应与图形中大、小端方向统一。

【例 1-2】求作 1:3 的锥度。

解 作图步骤： 在水平线上取 ab 为 3 等分，过 a 作垂线，取 $ac = ac_1 =$ 半等分，连 cb、c_1b，即为所求 1:3 锥度线，如图 1-24a 所示；过 e、e_1 作 cb、c_1b 的平行线，即为 1:3

的圆台锥度线，如图 1 - 24b 所示。锥度标注如图 1 - 24c 所示。

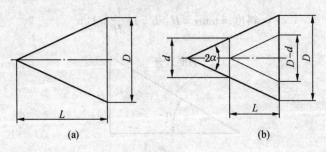

图 1 - 23 锥度的定义

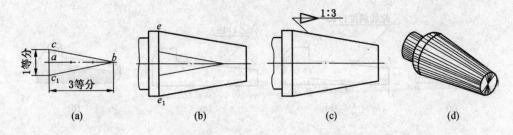

图 1 - 24 锥度画法、标注及实例

五、圆弧连接画法

在绘制图样时，常见零件的轮廓由圆弧光滑地过渡到另一直线和圆弧，形成圆弧切直线和圆弧切圆弧，称为圆弧连接。起连接作用的圆弧称为连接圆弧，连接圆弧与直线（或圆弧）的光滑过渡，其实质是直线（或圆弧）与圆弧相切，切点即为连接点。要使连接光滑，就必须使线段与线段在连接处相切。因此，作图时必须先求出连接圆弧的圆心并定出切点的位置。圆弧连接作图原理见表 1 - 4，圆弧连接作图步骤见表 1 - 5。

表 1 - 4 圆弧连接作图原理

类　型	圆弧与直线连接（相切）	圆弧外连接圆弧（外切）	圆弧内连接圆弧（内切）
图例			
连接弧圆心轨迹及切点位置	连接弧的圆心 O 轨迹是平行于定直线且相距为 R 的直线，切点为连接弧圆心向已知直线作垂线的垂足 T	连接弧的圆心轨迹是已知圆弧的同心圆弧，其半径为 $R_1 + R$，切点为两圆心连线与已知圆弧的交点 T	连接弧的圆心轨迹是已知圆弧的同心圆弧，其半径为 $R_1 - R$，切点为两圆心连线的延长线与已知圆弧的交点

表1-5　圆弧连接的作图步骤

类型	已知条件	作图方法步骤		
		1. 求连接圆弧圆心 O	2. 求连接点（切点）A、B	3. 画连接弧并描粗
圆弧连接两已知直线	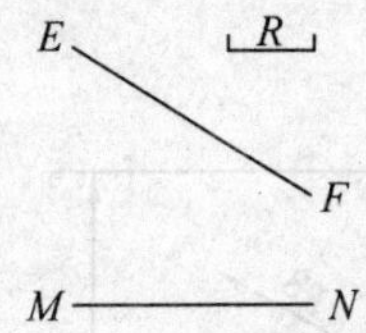	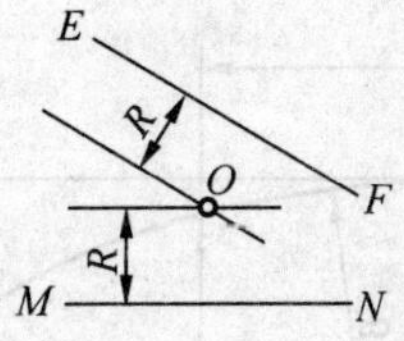	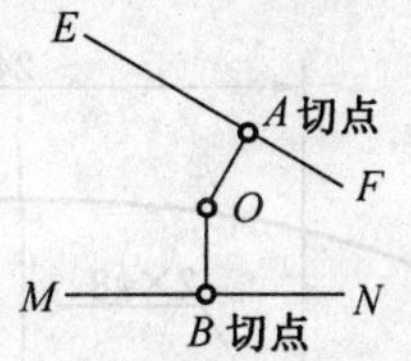	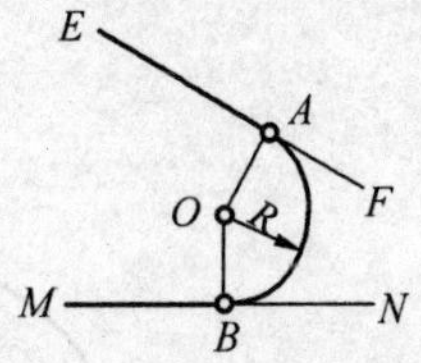
圆弧连接已知直线和圆弧	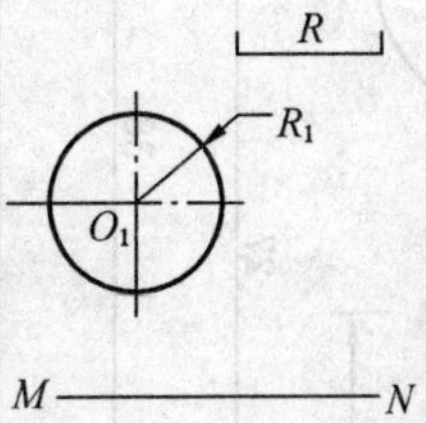	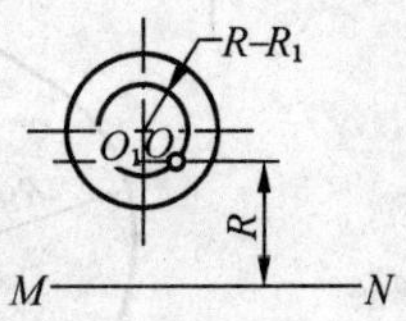	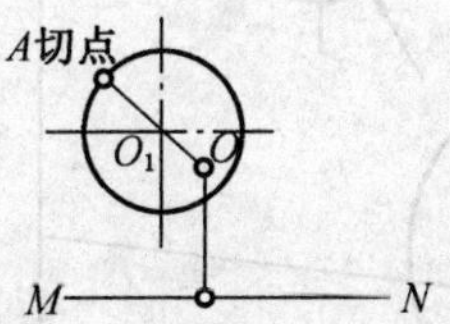	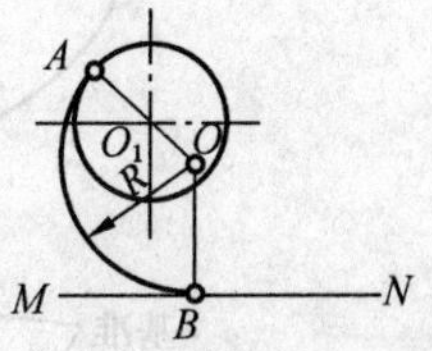
圆弧外切连接两已知圆弧	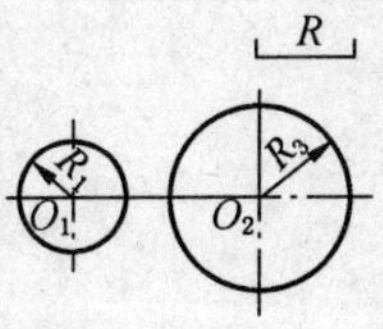	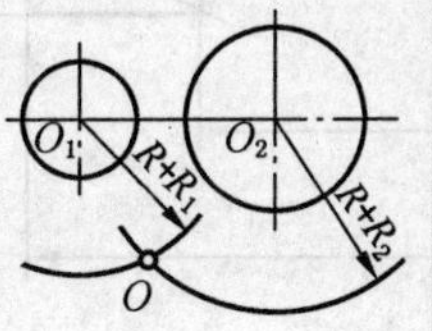	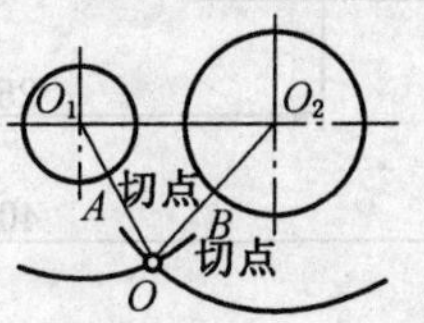	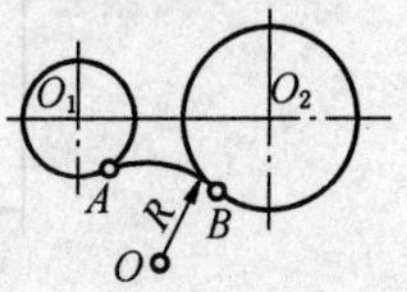
圆弧内切连接两已知圆弧	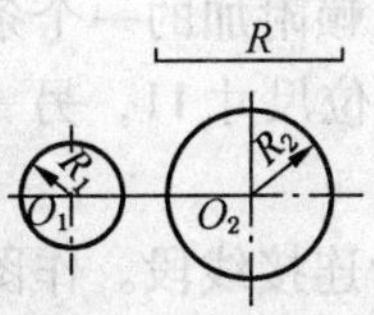	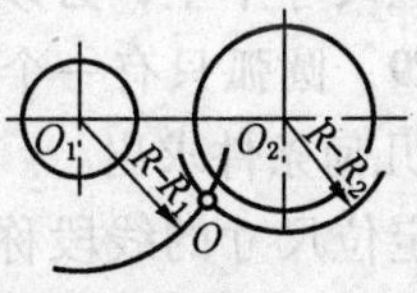	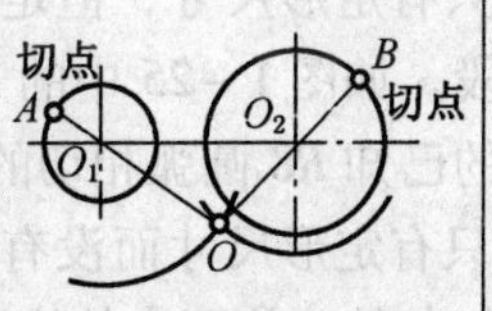	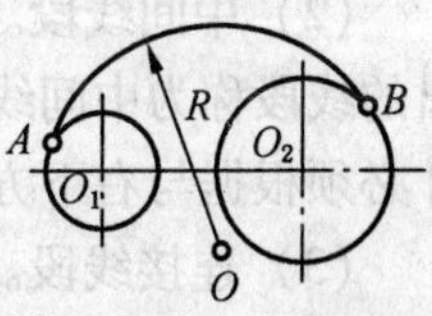

六、平面图形的分析及画法

以图 1-25 所示的平面图形为例，学习平面图形的分析及画法。

（一）图形中的尺寸分析和线段分析

1. 平面图形中的尺寸

（1）定形尺寸。定形尺寸是指确定平面图形是几何元素形状大小的尺寸，如图 1-25 中的 R49、R8，直线尺寸 40、25、7，以及圆的直径 φ8 均为定形尺寸。

（2）定位尺寸。确定平面图形关联几何要素的相对位置的尺寸为定位尺寸，如图 1-25 中的 24、27 都是定位尺寸。

必须要注意的是：有些尺寸并不能截然分作属于哪一类尺寸，如图 1 – 25 中的 25、7，既可属于定形尺寸，又可属于定位尺寸。

2. 平面图形中的线段

（1）已知线段。定形尺寸、定位尺寸齐全的线段称为已知线段，如图 1 – 25 中的 $\phi 8$ 的圆、$R49$ 的圆弧、40 的直线段等。

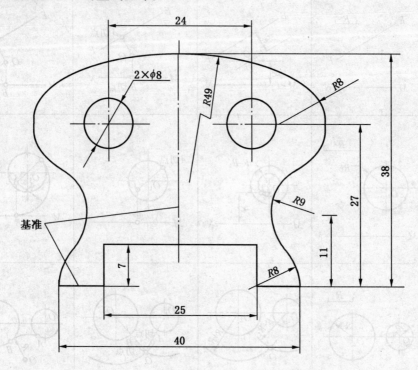

图 1 – 25　平面图形的尺寸分析与线段分析

（2）中间线段。只有定形尺寸，但定位尺寸不全，必须依赖附加的一个条件才能画出的线段称为中间线段。如图 1 – 25 中的 $R9$，圆弧只有一个定位尺寸 11，另一个定位尺寸必须根据与右下方的已知 $R8$ 圆弧相切的几何条件求出。

（3）连接线段。只有定形尺寸而没有定位尺寸的线段称为连接线段。作图时要利用圆弧连接和相切的几何条件才能画出。如图 1 – 25 中所示右上方的 $R8$ 圆弧由于没有给定圆心的定位尺寸，作图时要根据其与 $R49$ 圆弧内切、与 $R9$ 外切的条件，求出圆心和连接点才能画出，故此圆弧属于连接线段。

注意：在两条已知线段之间，可以有多条中间线段，但只能有一条连接线段。

（二）平面图形的作图步骤

（1）画基准线、定位线，确定平面图形在图幅中的位置，如图 1 – 26a 所示；

（2）画已知线段，如图 1 – 26a 所示；

（3）画中间线段，如图 1 – 26b 所示；

（4）画连接线段，如图 1 – 26c 所示。

以上各步骤均用细实线画底稿。

（5）整理全图，擦除多余线段，描深并标注尺寸，如图 1 – 26d 所示。

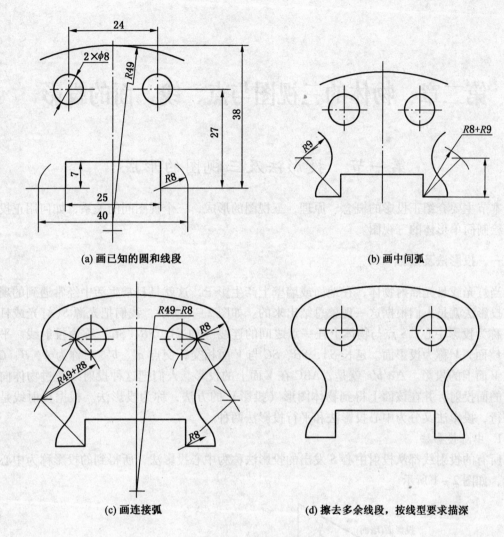

(a) 画已知的圆和线段　　　　(b) 画中间弧

(c) 画连接弧　　　　(d) 擦去多余线段，按线型要求描深

图 1-26　平面图形的画法

复习思考题

1. 在同样图幅上，大比例尺与小比例尺所反映的内容有什么区别？
2. 什么是光滑连接？

第二章　物体的三视图与点、线、面的投影

第一节　投影法及三视图的形成

本节主要介绍正投影的概念、原理，三视图的形成，三个视图间的关系，如何用正投影法绘制简单形体的三视图。

一、投影法及投影

当灯光或日光照射物体，在地面或墙壁上产生影子，这就是日常生活中经常遇到的现象。投影法就是人们根据这一现象总结出来的。如图2－1所示，我们把光源 S(灯光或日光) 称为投影中心。S 点与物体上任一点之间的连线（如 SA、SB、SC）称为投射线。平面（墙面）V 称为投影面。延长 SA、SB、SC 与 V 面相交，交点 a'、b'、c' 称为 A、B、C 点在 V 面上的投影。$\triangle a'b'c'$ 就是 $\triangle ABC$ 在 V 面上的投影。人们把这种投射线通过物体向选定的面投射，并在该面上得到物体图形（投影）的方法，称为投影法。根据投射线是否平行，投影法又分为中心投影法和平行投影法两种。

1. 中心投影法

所有的投射线都从投射中心 S 发出的投影法称为中心投影法，所得到的投影称为中心投影，如图2－1所示。

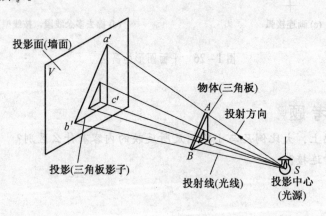

图2－1　中心投影法

2. 平行投影法

设想当投影中心移到无穷远处，这时投射线可视为相互平行，这种投射线互相平行的投影法，称为平行投影法，所得到的投影称为平行投影。根据投射线与投影面的相对位置，平行投影又分为斜投影法和正投影法两种。

（1）斜投影法。投射线倾斜于投影面，得到的投影称为斜投影，如图2-2a所示。

（2）正投影法。投射线垂直于投影面，得到的投影称为正投影，如图2-2b所示。

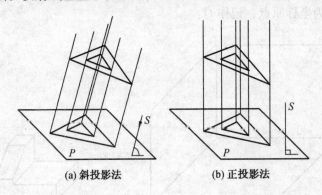

(a) 斜投影法　　　　　　　　(b) 正投影法

图2-2　平行投影法

绘制工程图样时主要用正投影，如不作特别说明，"投影"即指"正投影"。

3. 正投影的性质

（1）真实性。平面（或直线段）平行于投影面时，其正投影反映实形（或实长），这种投影性质称为真实性或全等性，如图2-3a所示。

（2）积聚性。平面（或直线段）垂直于投影面时，其正投影为一线段（或一点），这种投影性质称为积聚性，如图2-3b所示。

（3）类似性。平面（或直线段）倾斜于投影面时，其正投影变小（或变短），但投影形状与原来形状相类似，这种投影性质称为类似性，如图2-3c所示。

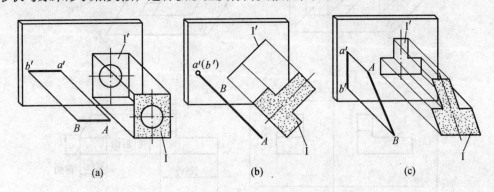

(a)　　　　　　　　　(b)　　　　　　　　　(c)

图2-3　直线段、平面的正投影特性

二、物体三视图的形成

当物体向3个投影面投射，会得到3个视图，如何将空间的3个视图表达在一个平面上，这就需要建立三投影面体系。

如图2-4a所示，在一般情况下，把正对着我们的投影面称为正投影面（用 V 表示），水平放置的投影面称为水平投影面（用 H 表示），右边侧立的投影面称为侧投影面（用 W 表示），这三个投影面的组合称为三投影面体系（我们可以将房间的正面、右侧墙面和地面想象成三投影面体系）。

在三投影面体系中，两投影面的交线称为投影轴。V面与H面的交线为OX轴，H面与W面的交线为OY轴，V面与W面的交线为OZ轴。三条投影轴构成了一个空间直角坐标系，三轴的交点为坐标原点，记作O。

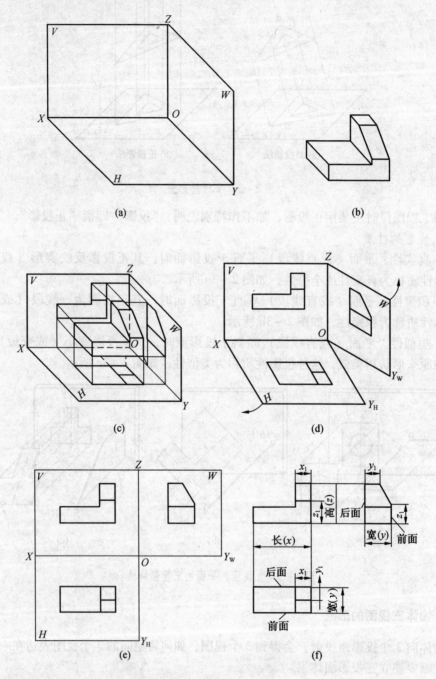

图2-4 三投影面及三视图的形成

若将图2-4b所示的物体放在三投影面体系中，使它的3个基本平面分别与V、H和W平行，然后依次向各投影面作正投影，就得到它的三面投影，如图2-4c所示。

物体在 V 上的投影称为正面投影，制图中称主视图；

物体在 H 上的投影称为水平投影，制图中称俯视图；

物体在 W 上的投影称为侧面投影，制图中称左视图。

实际应用时，把 3 个视图画在一张图纸上，因此，我们还必须将互相垂直的 3 个投影面通过旋转展开到一个平面上，如图 2-4d、图 2-4e 所示，设想把物体拿走，保持正面不动，将水平面向下旋转 90°，侧面向右旋转 90°，就得到同一平面上的投影，即三视图。值得注意的是当三投影面展开时，Y 轴变成了两条，随着 H 面的称为 Y_H 轴，随着 W 面的称为 Y_W 轴，如图 2-4e 所示。在实际绘图时，应去掉投影面边框，如图 2-4f 所示。

国标规定：俯视图在主视图的正下方，左视图在主视图的正右方。物体左右间的距离为长度；前后间的距离为宽度；上下间的距离为高度。

如图 2-4f 所示，三视图之间的度量对应关系可归纳为：主视图、俯视图长对正，主视图、左视图高平齐，俯视图、左视图宽相等，这种"三等"关系是三视图的重要特征，也是绘图和读图的主要依据。

主视图能反映物体的左右和上下关系，左视图能反映物体的上下和前后关系，俯视图能反映物体的左右和前后关系。

第二节　点　的　投　影

本节主要介绍空间点在三投影面体系中的投影规律。

一、点的三面投影

如图 2-5a 所示，三投影面体系内有一空间点 A，将其分别向 V、H、W 面投射，即得点的三面投影 a、a' 和 a''，如图 2-5b 所示。投影图中不必画出投影面的边界，如图 2-5c 所示。

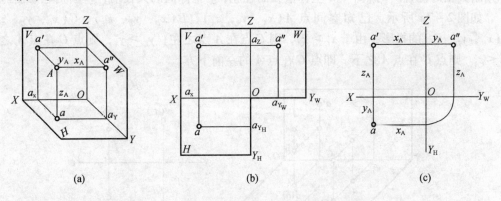

(a)　　　　　　　(b)　　　　　　　(c)

图 2-5　点的三面投影

观察图 2-5，可得到点的投影规律：

（1）点的正面投影与水平投影的连线垂直于 OX 轴；

（2）点的正面投影与侧面投影的连线垂直于 OZ 轴；

（3）点的水平投影与侧面投影具有相同的 Y 坐标。

显然，点的投影规律符合三视图的投影规律。

【例 2 -1】 已知空间点 A 的正面投影 a' 和侧面投影 a''（图 2 -6a），求作其水平投影 a。

解　根据点的投影规律，正面投影 a' 与水平面投影 a 的连线垂直于 OX 轴，所以过 a' 作垂直于 OX 轴的直线，点 a 一定在此直线上。又由于 a 到 OX 轴的距离等于 a'' 到 OZ 轴的距离，因此截取 $aa_X = a''a_z$ 便得到了点 a，如图 2 -6b 所示。

为表明 $aa_X = a''a_z$ 的关系，常用的作图方法是自点 O 作 45°辅助线或作圆弧，如图 2 -6b 所示。

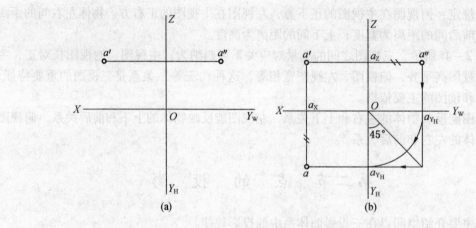

图 2 -6　由已知两投影求第三投影

二、两点间的相对位置

两点间的相对位置是指空间两点之间上下、左右、前后的位置关系，可根据两点的坐标判断其相对位置。两点中，x 坐标值大的在左；y 坐标值的大在前；z 坐标值大的在上。

如图 2 -7a 所示，已知空间点 $A(x_A, y_A, z_A)$、$B(x_B, y_B, z_B)$、$C(x_C, y_C, z_C)$、$D(x_D, y_D, z_D)$ 的投影，由于 $x_C > x_A$，则 C 点在 A 点之左；$y_C > y_A$，则点 C 在点 A 之前；$z_C < z_A$，则点 C 在点 A 之下。即点 C 在点 A 的左前下方。

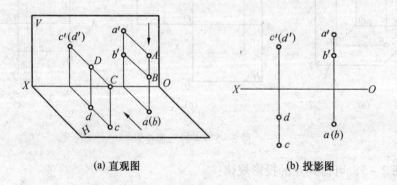

(a) 直观图　　　　(b) 投影图

图 2 -7　两点间的相对位置及重影点

属于同一投射线上的点，在该投射线所垂直的投影面上的投影重合为一点。空间的这些点，称为该投影面的重影点。图2-7a中空间两点 A、B 属于对 H 面的一条射线，则点 A、B 称为 H 面的重影点，其水平投影重合为一点 $a(b)$。同理，点 C、D 为对 V 面的重影点，其正面投影重合为一点 $c'(d')$。

由于 $z_A > z_B$，点 A 在点 B 上方，故 a 可见，b 不可见；同理，由于 $y_C > y_D$，点 C 在点 D 的前方，故 c' 可见，d' 不可见（点的不可见投影加括号表示），如图2-7b所示。

第三节 直 线 的 投 影

本节主要介绍各种位置直线的投影特性；直线上取点的作图方法。

一般来说，直线的投影仍是直线，可由该直线上任意两点的同面投影来确定。如图2-8a所示的直线 AB，求作它的三面投影时，可分别作出 A、B 两端点的三面投影，然后将同一投影面上的投影（简称同面投影）连接起来即得直线 AB 的三面投影，如图2-8b所示。

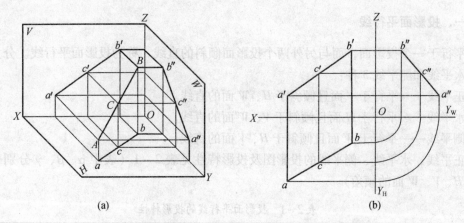

(a)　　　　　　　　　　　(b)

图2-8　直线的投影及直线上的点

直线在三投影面体系中有3种位置：投影面平行线、投影面垂直线和一般位置直线。其中投影面平行线、投影面垂直线统称为特殊位置直线。

由图2-8可以看出，直线上点的投影有下列性质：

（1）从属性。如果一个点在直线上，则此点的各个投影必在该直线的同面投影上；反之，若点的各个投影都在直线的同面投影上，则此点必在该直线上。若点不从属于直线，点的投影则不具备上述性质。

（2）定比性。点分线段成定比，则点的投影也分线段的同面投影成相同之比。

由图2-8可知，由于投射线 $Aa' /\!/ Cc' /\!/ Bb'$，$Aa /\!/ Cc /\!/ Bb$，$Aa'' /\!/ Cc'' /\!/ Bb''$，所以 $AC : CB = a'c' : c'b' = ac : cb = a''c'' : c''b''$。

【例2-2】投影如图2-9a所示，空间线段 AB 上有一点 K 把 AB 分成 $AK : KB = 1 : 2$，求作 k、k' 作图步骤。

解 作图步骤：过 a 作一射线 ab_1，截取 ak_1 为1等分，$k_1 b_1$ 为2等分，连接 bb_1，过 k_1 作 bb_1 的平行线，交 ab 于 k 点；同理，可作出 k'，如图2-9b所示；也可由作侧面投影的方法作出，如图2-9c所示。

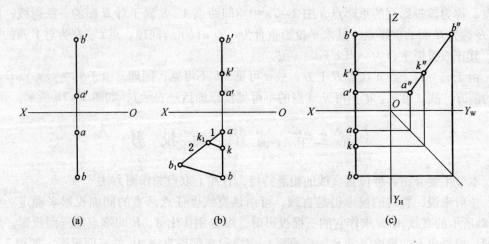

图2-9　点分直线成定比

一、投影面平行线

平行于一个投影面，而与另外两个投影面倾斜的直线，称为投影面平行线。分为正平线、水平线和侧平线3种：

正平线——平行于 V 面且倾斜于 H、W 面的直线。

水平线——平行于 H 面且倾斜于 V、W 面的直线。

侧平线——平行于 W 面且倾斜于 H、V 面的直线。

正平线、水平线、侧平线的投影图及投影特性见表2-1（表中 α、β、γ 分别表示直线对 H、V、W 面的倾角）。

表2-1　投影面平行线的投影特性

名称	正平线（ // V ）	水平线（ // H ）	侧平线（ // W ）
实例			
立体图			

表2-1（续）

名称	正平线（∥V）	水平线（∥H）	侧平线（∥W）
投影图			
投影特性	（1）正面投影 $a'b'$ 反映实长　（2）正面投影 $a'b'$ 与 OX 轴和 OZ 轴的夹角 α、γ 分别为 AB 对 H 面和 W 面的倾角　（3）水平面投影 ab∥OX 轴，侧面投影 $a''b''$∥OZ 轴且小于实长	（1）水平投影 ef 反映实长　（2）水平投影 ef 与 OX 轴和 OY_H 轴的夹角 β、γ 分别为 EF 对 V 面和 W 面的倾角　（3）正面投影 $e'f'$∥OX 轴，侧面投影 $e''f''$∥OY_W 轴且小于实长	（1）侧面投影 $i''j''$ 反映实长　（2）侧面投影 $i''j''$ 与 OZ 轴和 OY_W 轴的夹角 β、α 分别为 IJ 对 V 面和 H 面的倾角　（3）正面投影 $i'j'$∥OZ 轴，水平面投影 Ij∥OY_H 轴且小于实长

由表2-1可知，投影面平行线具有下列投影特性：

（1）空间直线在其所平行的投影面上的投影反映直线的实长和直线对另外两个投影面的倾角。

（2）直线对另外两个投影面的投影平行于相应的投影轴，且小于实长。

因此，当我们从投影图上判断直线空间位置时，若3个投影中，有两个投影平行于相应的投影轴，另一投影成倾斜位置，则它一定是投影面的平行线。

【例2-3】过已知点 A 作线段 $AB = 20$ mm，使其平行于 W 面，而与 H 面的倾角为 $\alpha = 45°$，求作 AB 的投影图。

解　根据侧平线的投影特性和已知条件（$a''b'' = AB$，$a''b''$ 与 OY_W 成45°，ab∥OY_H，$a'b'$∥OZ），即可作出直线 AB 的投影图。如图2-10b 所示。

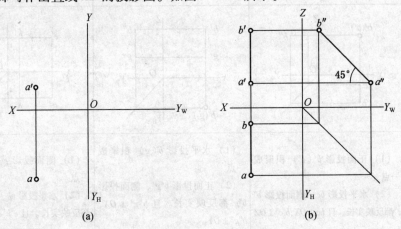

(a)　(b)

图2-10　过点 A 作侧平线

作图步骤：

（1）先作出 A 点的侧面投影 a''，再过 a'' 作一条与 OY_W 轴夹角成 45°的直线，并在该直线上截取 $a''b'' = 20$ mm，$a''b''$ 即为直线 AB 的侧面投影。

（2）作水平投影和正面投影。按投影规律分别过 a 和 a' 作 $ab // OY_H$，$a'b' // OZ$，即得直线 AB 的水平投影 ab 和正面投影 $a'b'$。

二、投影面垂直线

垂直于一个投影面的直线，称为投影面垂直线。也可分为正垂线、铅垂线和侧垂线 3 种。

正垂线——垂直于 V 面的直线。

铅垂线——垂直于 H 面的直线。

侧垂线——垂直于 W 面的直线。

正垂线、铅垂线、侧垂线的投影图和投影特性见表 2 - 2。

表 2 - 2 投影面垂直线的投影特性

名 称	正垂线（⊥V）	铅垂线（⊥H）	侧垂线（⊥W）
实例	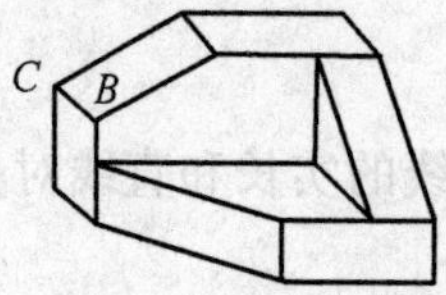	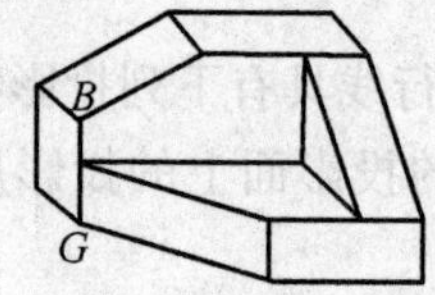	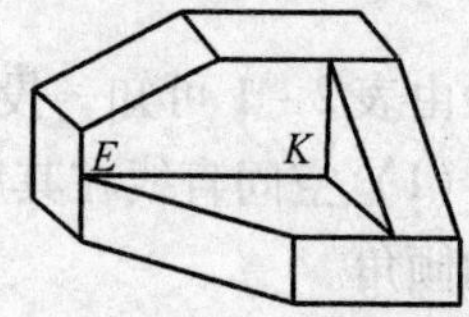
立体图	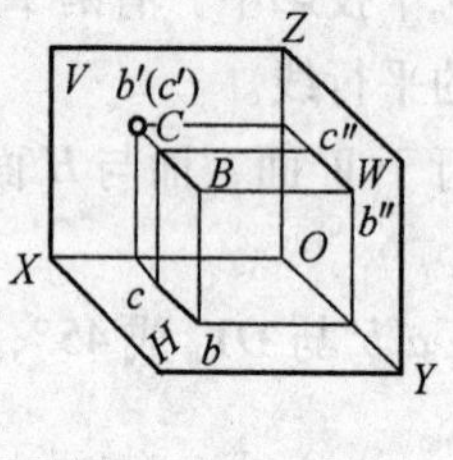	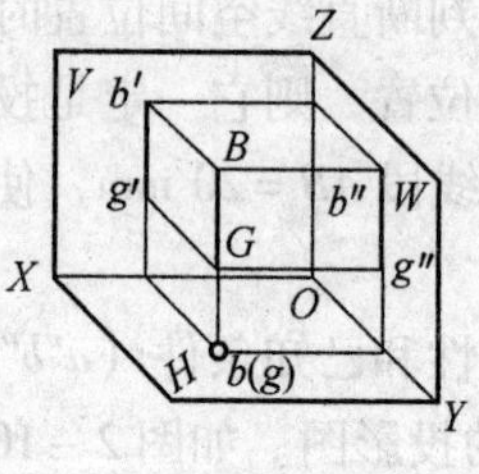	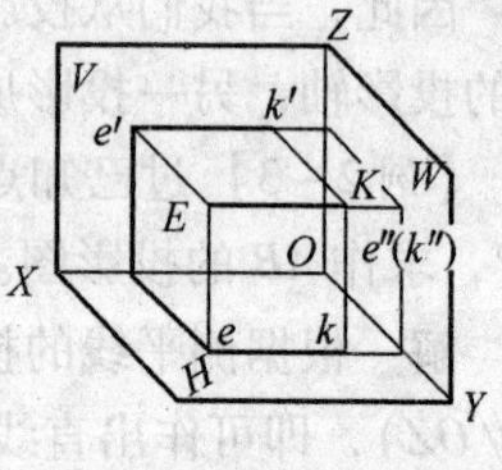
投影图	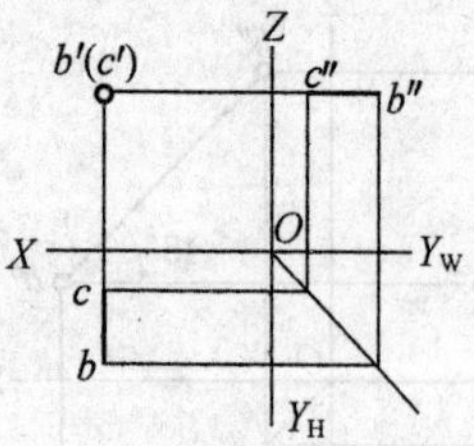	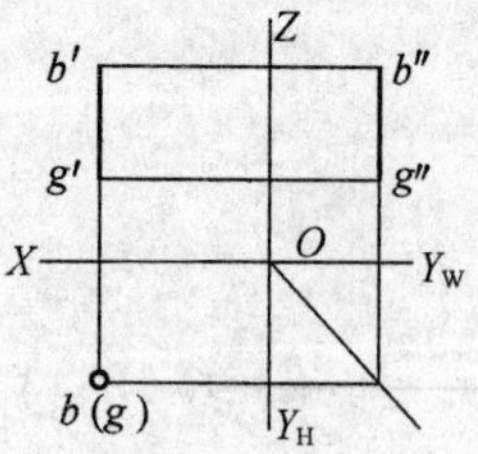	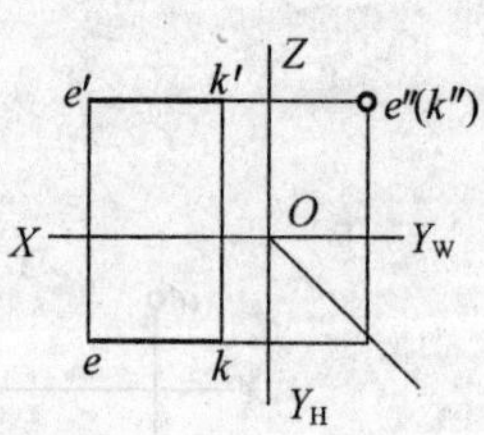
投影特性	（1）正面投影 $b'(c')$ 积聚成一点 （2）水平投影 bc、侧面投影 $b''c''$ 都反映实长。且 $bc\perp OX$，$b''c''\perp OZ$	（1）水平投影 $b(g)$ 积聚成一点 （2）正面投影 $b'g'$、侧面投影 $b''g''$ 都反映实长。且 $b'g'\perp OX$，$b''g''\perp OY_W$	（1）侧面投影 $e''(k'')$ 积聚成一点 （2）水平投影 ek、正面投影 $e'k'$ 都反映实长。且 $e'k'\perp OZ$，$ek\perp OY_H$

直线垂直一个投影面，必与另外两个投影面平行，因此，从表 2 - 2 中可知，投影面垂直线具有下列特性：

（1）直线在其所垂直的投影面上的投影积聚成一点（积聚性）。

（2）直线在另外两个投影面上的投影反映实长（真实性），且垂直相应的投影轴。

因此，当我们从投影图上判断直线的空间位置时，若在三投影中，有一投影积聚成一点，则它一定是投影面垂直线。

【例 2 - 4】求过已知点 A 作一长度为 15 mm 侧垂线 AB 的三面投影（图 2 - 11）。

解　分析：根据侧垂线的投影特性及已知条件，即可作出直线 AB 的投影。

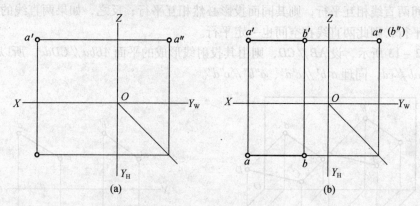

图 2 - 11　过点 A 作侧垂线

作图步骤：

（1）先作出积聚成一点的侧面投影 $a''(b'')$。

（2）过 a、a' 分别作平行于 OX 轴的直线 ab、$a'b'$，其长度均取 15 mm，即得侧垂线 AB 的水平投影 ab 和正面投影 $a'b'$，如图 2 - 11b 所示。

三、一般位置直线

与 3 个投影面都处于倾斜位置的直线，称为一般位置直线，如图 2 - 12 所示。

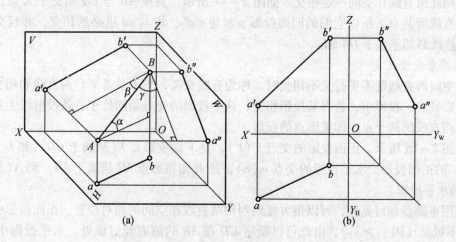

图 2 - 12　一般位置直线

一般位置直线的投影特性：

（1）直线的3个投影都与投影轴倾斜，且都小于实长。

（2）各个投影与投影轴的夹角都不反映直线对各投影面的倾角。

四、两直线的相对位置

空间两直线的相对位置可分为3种：平行、相交、交叉（既不相交，又不平行，亦称异面）。

1. 两直线平行

若空间两直线相互平行，则其同面投影必然相互平行；反之，如果两直线的各个同面投影相互平行，则此两直线在空间也一定平行。

如图2–13所示，设 $AB /\!/ CD$，则由其投射线形成的平面 $ABba /\!/ CDdc$，所以它们与 H 面的交线 $ab /\!/ cd$，同理 $a'b' /\!/ c'd'$、$a''b'' /\!/ c''d''$。

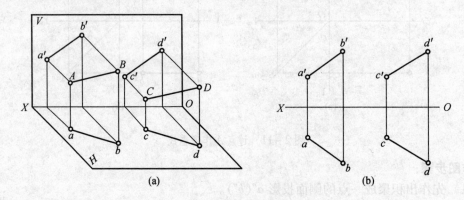

图2–13 两直线平行

2. 两直线相交

两直线相交时，同面投影必相交。其同面投影的交点，即为两直线交点的投影，且交点符合点的投影规律；反之，若两直线各个同面投影都相交，且交点的投影符合点的投影规律，则此两直线在空间一定相交。如图2–14所示，直线 AB 与 CD 相交于 K 点，即此点为两直线所共有，所以它们的同面投影 $a'b'$ 与 $c'd'$、ab 与 cd 也必然相交，并且交点 k' 与 k 的连线必然垂直于 OX 轴。

3. 两直线交叉

当空间两直线既不平行又不相交时，称为直线交叉，它不具备平行两直线和相交两直线的投影特点。投影中，若有某投影相交，这个投影的交点是同处一条投射线上且分别从属于两直线的两个点，即重影点的投影。

如图2–15所示，正面投影的交点 $k'(l')$，是 V 面重影点 K（从属于 CD）和 L（从属于 AB）的正面投影。水平投影的交点 $m(n)$，是 H 面重影点 M（从属于 AB）和 N（从属于 CD）的水平投影。

利用重影点和可见性，可以很方便地判别两直线在空间的相对位置。正面投影中 k' 可见，l' 不可见（因 $y_K > y_L$），由此可以断定 CD 在 AB 的前方经过该处。水平投影中 m 可见，n 不可见（因 $z_M > z_N$），由此可以断定该处 AB 在 CD 的上方。

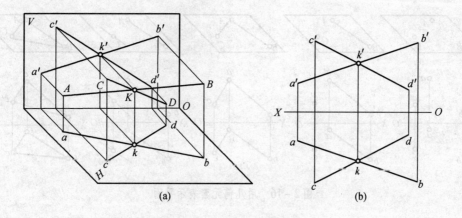

图 2－14　两直线相交

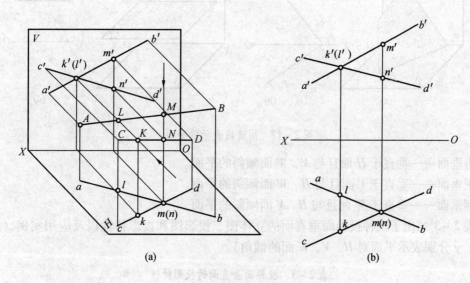

图 2－15　两直线交叉

第四节　平面的投影

本节主要介绍平面的投影特性，以及如何在平面上取点。

一、平面的表示法

通常用确定平面上的点、直线或平面图形等几何元素的投影表示平面的投影（图 2－16）或用迹线表示平面（图 2－17）。

在三投影面体系中，平面可分为投影面垂直面、投影面平行面和一般位置平面 3 类。

二、投影面垂直面

投影面垂直面是指垂直于一个投影面，而与其余两个投影面处于倾斜位置的平面。投影面垂直面又有铅垂面、正垂面和侧垂面 3 种。

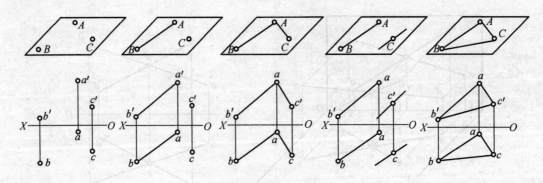

图2-16　用几何元素表示平面

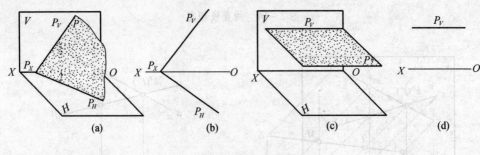

图2-17　用迹线表示的平面

铅垂面——垂直于 H 面且与 V、W 面倾斜的平面。

正垂面——垂直于 V 面且与 H、W 面倾斜的平面。

侧垂面——垂直于 W 面且与 H、V 面倾斜的平面。

表2-3列出了三种投影面垂直面的立体图、投影图和投影特性以及应用实例（表中 α、β、γ 分别表示平面对 H、V、W 面的倾角）。

表2-3　投影面垂直面的投影特性

名称	正垂面（⊥V）	铅垂面（⊥H）	侧垂面（⊥W）
实例			
立体图			

表 2-3（续）

名称	正垂面（⊥V）	铅垂面（⊥H）	侧垂面（⊥W）
投影图	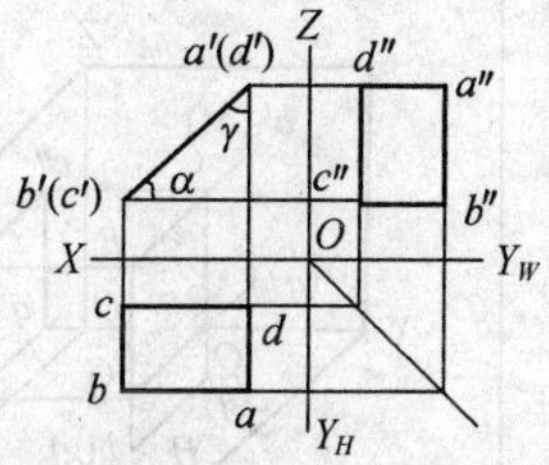	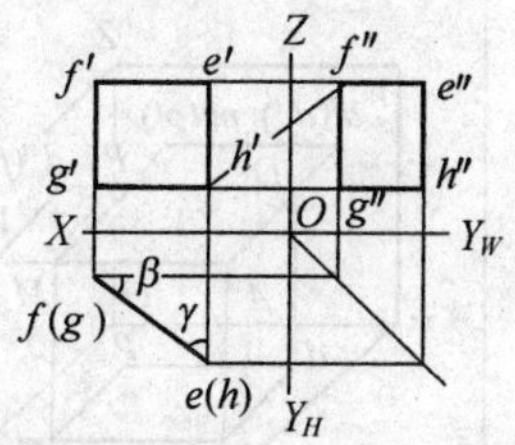	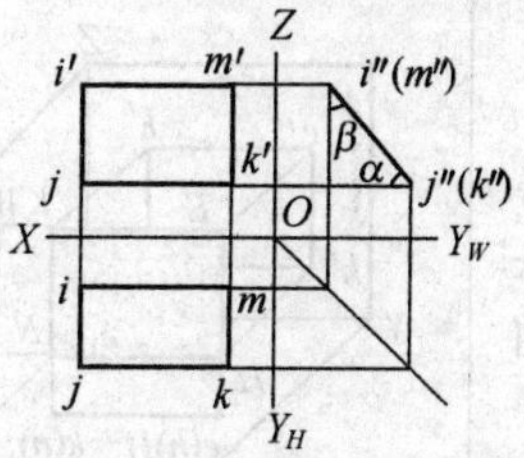
投影特性	（1）正面投影积聚成一直线，它与 OX 轴和 OZ 轴的夹角分别为平面与 H 面和 W 面的真实倾角 α 及 γ （2）水平投影和侧面投影都是类似形	（1）水平投影积聚成一直线，它与 OX 轴和 OY_H 轴的夹角分别为平面与 V 面和 W 面的真实倾角 β 及 γ （2）正面投影和侧面投影都是类似形	（1）侧面投影积聚成一直线，它与 OZ 轴和 OY_W 轴的夹角分别为平面与 V 面和 H 面的真实倾角 β 及 α （2）正面投影和水平面投影都是类似形

从表 2-3 中可以概括出投影面垂直面的投影特性：

（1）在所垂直的投影面上的投影是一条有积聚性的倾斜直线，此直线与投影轴的夹角，反映该平面对另外两投影面的真实倾角。

（2）在另外两投影面上的投影为小于平面实形的类似形。

因此，当我们从投影图上判断平面的空间位置时，只要 3 个投影中有一个投影是一倾斜直线，则它一定是投影面垂直面。

三、投影面平行面

平行某一投影面的平面称为投影面平行面。因为三投影面体系中的 3 个投影面是两两垂直的，因此平行于其中某一投影面的平面必然与另两投影面垂直。

投影面平行面也可分为水平面、正平面和侧平面 3 种。

水平面——平行 H 面的平面。

正平面——平行 V 面的平面。

侧平面——平行 W 面的平面。

表 2-4 投影面平行面投影特性

名称	正平面（∥V）	水平面（∥H）	侧平面（∥W）
实例	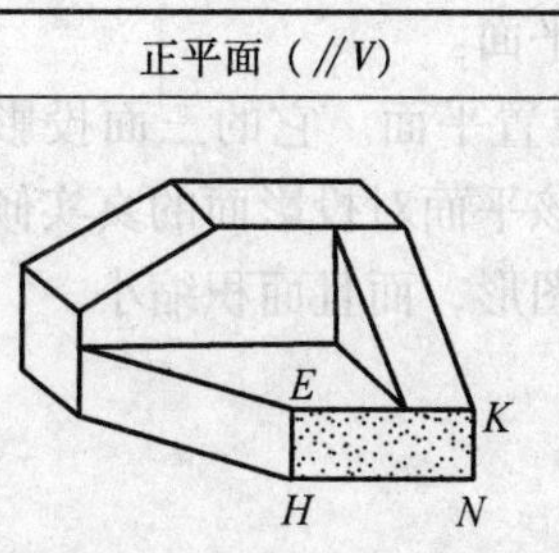	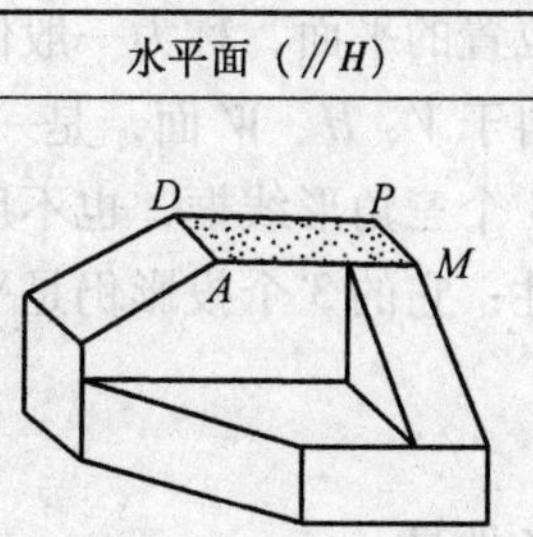	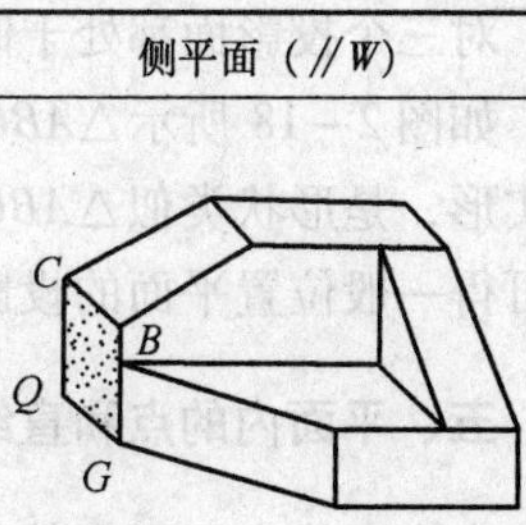

表 2-4（续）

名称	正平面（ // V ）	水平面（ // H ）	侧平面（ // W ）
立体图	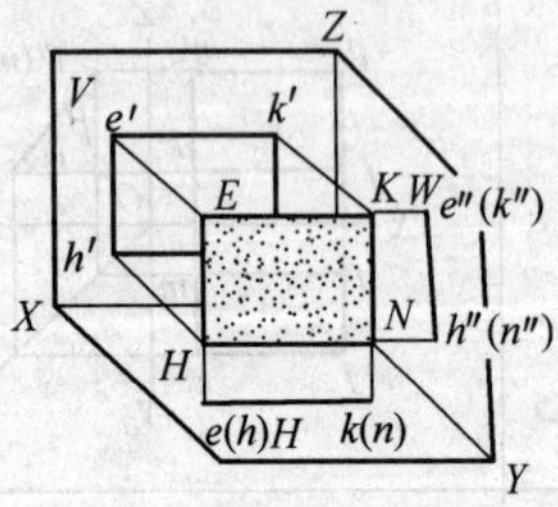	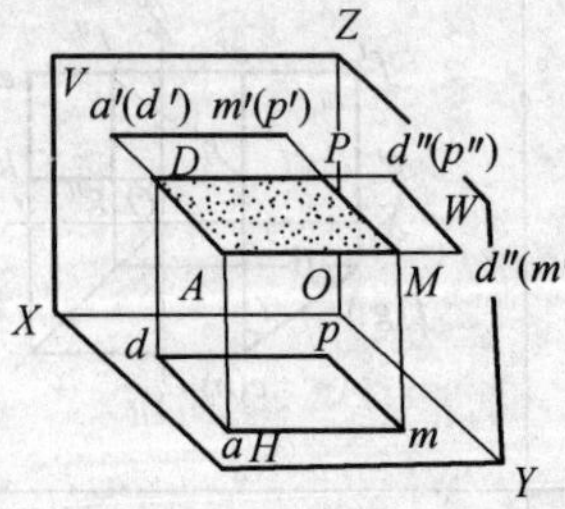	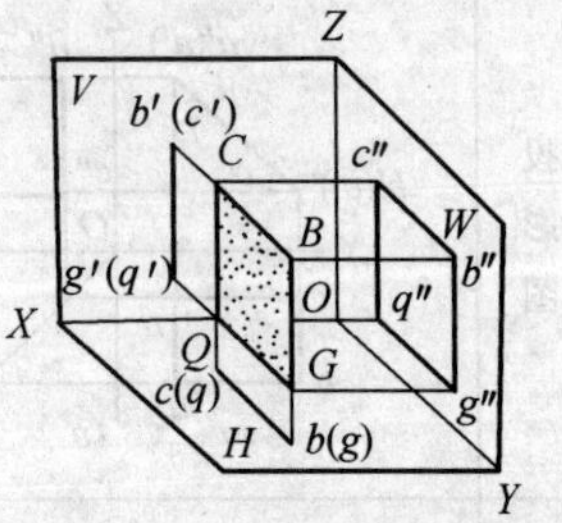
投影图	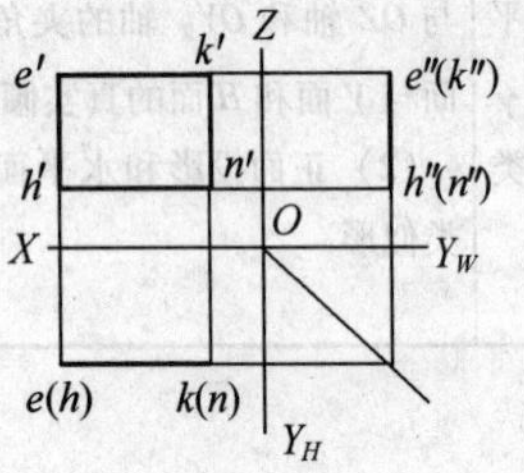	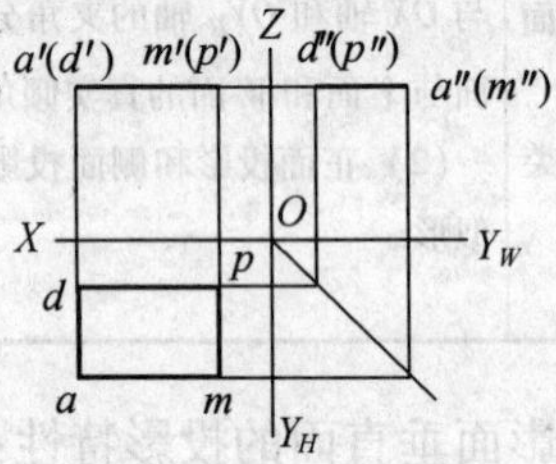	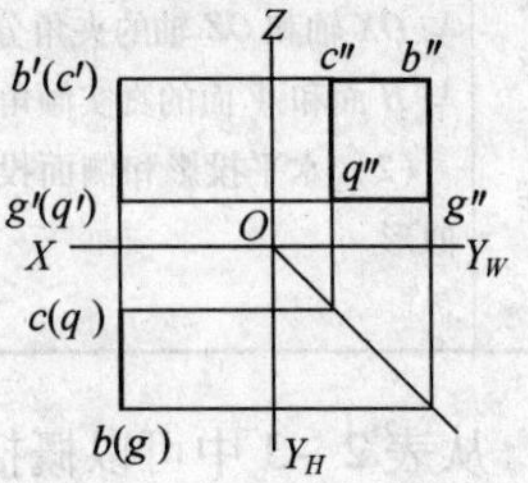
投影特性	（1）正面投影反映实形 （2）水平投影积聚成直线且平行于 OX 轴 （3）侧面投影积聚成直线且平行于 OZ 轴	（1）水平投影反映实形 （2）正面投影积聚成直线且平行于 OX 轴 （3）侧面投影积聚成直线且平行于 OY_W 轴	（1）侧面投影反映实形 （2）正面投影积聚成直线且平行于 OZ 轴 （3）水平面投影积聚成直线且平行于 OY_H 轴

表 2-4 列出了 3 种投影面平行面的立体图、投影图和投影特性及应用实例，从表中可以概括出投影面平行面的投影特性：

（1）在所平行的投影面上的投影反映实形。

（2）在另外两投影面上的投影分别积聚为直线且平行（或垂直）相应的投影轴。

四、一般位置平面

对三个投影面都处于倾斜位置的平面，称为一般位置平面。

如图 2-18 所示 $\triangle ABC$ 倾斜于 V、H、W 面，是一般位置平面。它的三面投影都不反映实形，是形状类似 $\triangle ABC$ 的 3 个三角形线框，也不反映该平面对投影面的真实倾角。由此可得一般位置平面的投影特性：它的 3 个投影仍是平面图形，而且面积缩小。

五、平面内的点和直线

点和直线在平面内的几何条件是：

（1）若点从属于平面内的一条直线，则该点从属于该平面。

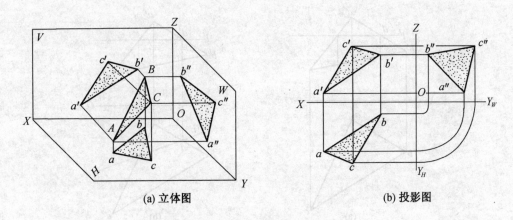

图 2-18 一般位置平面

（2）若直线通过从属于平面的两个点，或通过平面内的一点且平行于该平面上的任一直线，则该直线属于该平面。

如图 2-19 所示，点 D 在平面 ABC 的直线 AB 上，直线 DE 通过平面 ABC 上的两点 D、E；直线 MN 通过平面 ABC 上的点，且平行于平面 ABC 上的直线 BC，故点 D、直线 DE 在平面内。

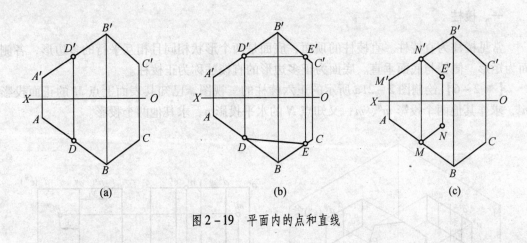

图 2-19 平面内的点和直线

六、平面上的投影面平行线

在平面上可以取任意直线，但在实际应用中为作图方便常常是取平面上的投影面平行线。平面上的投影面平行线有 3 种，即平面上的水平线、正平线和侧平线。这些平行线既是投影面平行线，又是从属于某一平面的直线，因此它的投影特性具有双重性。

【例 2-5】作从属于平面△ABC 的一条水平线。

解 若要在△ABC 平面上作水平线 DE，应使 DE 平行于 H 面，又要使其通过△ABC 上的两个点，所以作图时应先根据水平线的正面投影平行于 OX 轴的投影特性，在△a'b'c'上作平行于 OX 轴的直线，使△a'b'c'的边 a'b'、a'c'分别交于点 d'、e'，然后再由 d'、e'求出水平投影 d、e，连接 d、e 即得所求。作图步骤如图 2-20 所示。

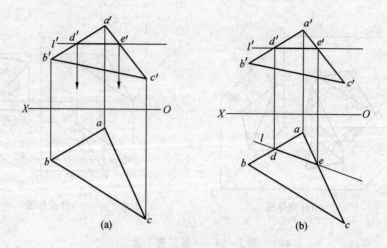

图 2 – 20　作从属于平面的水平线

第五节　立体的三视图

本节主要介绍立体的三视图以及如何在其表面取点。

一、棱柱

常见棱柱为直棱柱。直棱柱的顶面、底面是两个形状相同且相互平行的多边形，各侧面为矩形，侧棱与底面垂直。底面为正多边形的直棱柱称为正棱柱。

【例 2 –6】绘制图 2 –21a 所示的正六棱柱的三视图。已知其表面上点 M 的正面投影 m'，求作其他两个投影 m''、m；又知点 N 的水平投影 n，求其他两个投影。

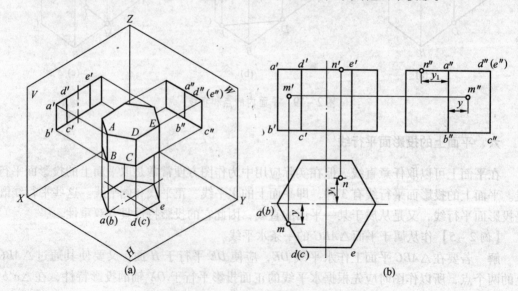

图 2 –21　棱柱的三视图及表面取点

解　分析：图2-21a所示为一正六棱柱。其顶面和底面均为水平面，它们的水平投影反映实形，正面及侧面投影积聚为一直线。六棱柱有6个侧棱面，前后两个为正平面，它们的正面投影反映实形，水平投影及侧面投影积聚为一直线。其他四个棱面均为铅垂面，其水平投影均积聚为直线，正面投影和侧面投影均为类似形。

棱线 AB 为铅垂线，水平投影积聚为一点 a(b)，正面投影 a'b' 和侧面投影 a''b'' 均反映实长。顶面的边 DE 为侧垂线，侧面投影 d''(e'') 积聚为一点，水平投影 de 和正面投影 d'e' 均反映实长。底面的边 BC 为水平线，水平投影 bc 反映实长，正面投影 b'c' 和侧面投影 b''c'' 均小于实长。其余棱线可做类似分析。

作图步骤：先画出各投影对称中心线、轴线及有积聚性的水平投影（正六边形），再按棱柱的高度和投影规律作出其他投影，即得正六棱柱的三视图，如图2-21b所示。

因为 m' 可见，因此 M 点必定在棱面 ABCD 上。此棱面是铅垂面，其水平投影积聚成直线，点 M 的水平投影 m 必在该直线上，由 m' 和 m 可求得侧面投影 m''。因为 n 可见，因此点 N 必定在六棱柱的顶面上，n'、n'' 分别在顶面的积聚直线上（由点的投影规律作出）。

二、棱锥

棱锥底面为多边形，各侧面为过锥顶的三角形。若棱锥的底面为正多边形，侧面为等腰三角形，称为正棱锥。棱锥台的顶面、底面为多边形，各侧面为梯形。棱锥底面和棱台顶面、底面为特征面。

【例2-7】 绘制图2-22a所示的正三棱锥的三视图。已知三棱锥表面上点 M 的正面投影 m'，求作点 M 的其他两个投影。又知点 N 的水平投影 n，求其他两个投影。

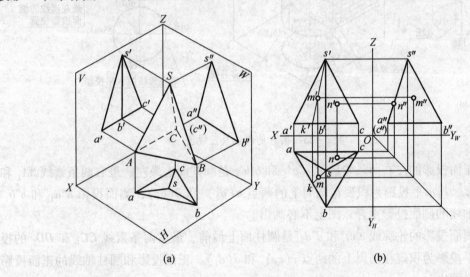

图2-22　棱锥的三视图及表面取点

解　分析：正三棱锥底面 △ABC 为水平面，因此它的水平投影反映底面的实形，其正面投影和侧面投影积聚为一直线。棱面 △SAC 为侧垂面，它的侧面投影积聚为一直线，水平投影和正面投影均为类似形。棱面 △SAB、△SBC 为一般位置平面，它们的三面投影均为类似形。

作图步骤：先作出底面△ABC 的 3 个投影，再作出三棱锥顶点 S 的各个投影，然后自顶点 S 向底面各点 A、B、C 的同面投影连线，得三棱锥的三视图，如图 2-22b 所示。

因为 m' 可见，所以点 M 必定在棱面△SAB 上，△SAB 是一般位置平面，过点 M 及棱锥顶点 S 作一条辅助直线 SK，与底边 AB 交于点 K，作直线 SK 的三面投影。根据点的从属关系，作出点 M 的其他两个投影。因为 n 可见，并根据其在水平投影面上的位置，所以点 N 必定在棱面△SAC 上，n'' 必定在直线 $s''a''(c'')$ 上，由 n、n'' 即可求出 n'。

三、圆柱

圆柱表面由圆柱面和上、下两个底面圆组成。其中圆柱面是由一条直线（母线）绕与之平行的轴线回转而成。母线在圆柱面上的任一位置称为圆柱面的素线。

【例 2-8】 绘制图 2-23a 所示圆柱的三视图。

解 分析：该圆柱轴线为铅垂线，圆柱面上所有素线都是铅垂线，圆柱面的水平投影为一个圆周，并且有积聚性。圆柱面上的任何点和线的水平投影，都积聚在这个圆周上，如图 2-23b 所示。

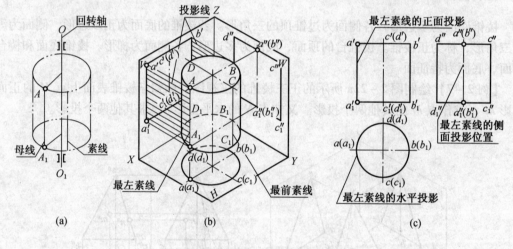

图 2-23 圆柱的形成及三视图

圆柱正面投影的左右两条轮廓线 $a'a'_1$ 和 $b'b'_1$ 是圆柱面上最左、最右两条素线 AA_1 和 BB_1 的投影。其水平投影为积聚在圆周上的两点 $a(a_1)$ 和 $b(b_1)$，侧面投影 $a''a''_1$ 和 $b''b''_1$ 与圆柱面轴线的侧面投影重合，图上不必画出。

圆柱侧面投影的轮廓线 $c''c''_1$ 和 $d''d''_1$ 是圆柱面上最前、最后两条素线 CC_1 和 DD_1 的投影。其水平投影为积聚在圆周上的两点 $c(c_1)$ 和 $d(d_1)$，正面投影和圆柱轴线的正面投影重合，不必画出。

其上、下底面圆为水平面，在水平投影上反映实形，正面投影和侧面投影分别积聚为一直线。因此在正面投影和侧面投影上分别画出决定投影范围的外形轮廓素线，即为圆柱面可见部分与不可见部分的分界线投影。如正面投影上以最左、最右素线 AA_1、BB_1 为界，前半部分圆柱面可见，后半部分圆柱面不可见；对于侧面投影来说，以 CC_1、DD_1 为界，左半部分圆柱面可见，右半部分圆柱面不可见。

作图步骤：先画出圆柱体各个投影的中心线、轴线，其次画出投影为圆的水平投影，再画出其他两个投影，如图 2-23c 所示。

【例 2-9】如图 2-24 所示，已知圆柱表面上 A、B、C 点的正面投影 a′、b′、(c′)，求作其他两个面的投影。

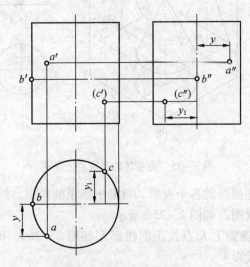

图 2-24　圆柱表面上取点

解　分析：由于圆柱面的水平投影具有积聚性，所以 A、B、C 点的水平投影应在圆柱面水平投影的圆周上。

作图步骤：由于 A 点在圆周的左前半部分圆柱面上，a′可见，其水平投影 a 必在圆柱面水平投影的前半个圆周上，侧面投影 a″可见，根据 a、a′求出；B 点在圆柱最左轮廓素线上，水平面投影 b 在中心线与圆周的交点上；侧面投影 b″可见，根据 b、b′求出；C 在圆柱面的右后半部分上，正面投影 (c′) 不可见，水平投影 c 必在圆柱面水平投影的后半个圆周上，(c″) 不可见，根据 c、c′求出。

四、圆锥

圆锥表面由圆锥面和底面圆组成。圆锥面可以看成由直线（母线）SA 绕与它相交的轴线 SO 旋转而成。圆锥面上通过顶点 S 的任一直线称为圆锥面的素线。

【例 2-10】绘制图 2-25a 所示圆锥的三视图。

解　分析：如图 2-25b 所示，圆锥的水平投影是圆。圆锥正面投影的轮廓线 s′a′、s′b′是圆锥面上最左、最右素线 SA、SB 的投影。这两条素线是正平线，其水平投影和圆锥面水平投影圆的横向中心线重合，侧面投影和圆锥轴线的侧面投影重合，图上均不必画出。圆锥侧面投影的轮廓线 s″c″、s″d″是圆锥面最前、最后素线 SC、SD 的投影。这两条素线是侧平线，它们的水平投影和圆的竖向中心线重合，正面投影和圆锥轴线的正面投影重合，图上均不必画出。

由于圆锥面的 3 个投影都没有积聚性，所以要确定圆锥面上点的投影时，必须先在圆锥面上作一包含这个点的辅助线（素线）或圆，然后再利用所作直线或圆的投影求作点的投影。

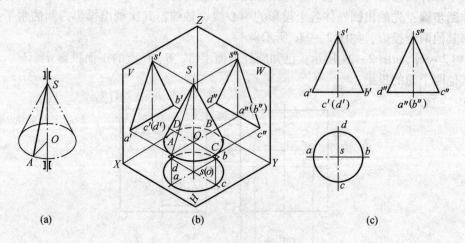

图 2-25　圆锥体的形成及三视图

作图步骤：先画出底面圆的各个投影，再画出锥顶的投影，然后分别画出其外形轮廓素线，即完成圆锥的三视图，如图 2-25c 所示。

【**例 2-11**】已知圆锥面上 K 点及正面投影 k' 如图 2-26a、图 2-26b 所示，求作 K 点的水平投影 k 和侧面投影 k''。

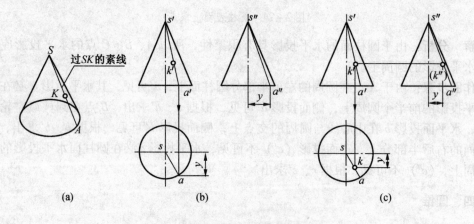

图 2-26　用辅助素线法求圆锥面上点的投影

解

方法一：辅助素线法

过锥顶 S 和 K 作一辅助线 SA，即在投影图上过 k' 作 $s'a'$，根据 k' 是可见的，A 点在圆锥底圆的前半圆周上，过 a' 向下作铅垂线与水平投影的前半圆周相交即得 a，从而得到 SA 的水平投影 sa，利用侧面投影中 a'' 到对称轴线的距离应等于水平投影 a 到水平中心线的距离 y，可由 a 求得 a''，从而得 $s''a''$。再根据 K 在 SA 上，由 k' 求出 k 和（k''）。由于 K 在右半圆锥面上，所以（k''）是不可见的，如图 2-26c 所示。

方法二：辅助圆法

过点 K 作一垂直于圆锥轴线的水平辅助圆，该圆的正面投影过 k'，它的水平投影为

一直径等于 $1'2'$ 的圆，k 必在此圆周上，由 k' 和 k 可求出 k''，如图 2 – 27 所示。

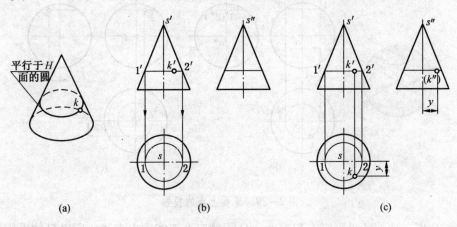

图 2 – 27　用辅助圆法求圆锥面上点的投影

五、圆球

圆球体是由球面围成，圆球面可以看成是以半圆弧为母线绕其直径旋转而成。球面的投影特征是：3 个投影均为圆，其直径与球面的直径相等。但 3 个投影面上的圆是不同的转向轮廓线的投影，如图 2 – 28b 所示。

【例 2 – 12】绘制图 2 – 28a 所示圆球的三视图。

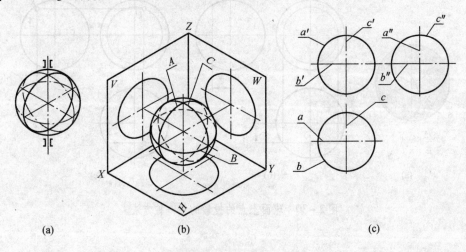

图 2 – 28　圆的形成及三视图

解　分析：球面上轮廓线圆 A 的正面投影是圆 a'，其水平投影 a 和侧面投影 a'' 分别与相应的中心线重合，均不画出。另外两个轮廓线圆 B 和 C 的 3 个投影的对应关系也是类似的。

作图步骤：先确定球心的 3 个投影，再画出 3 个与球等直径的圆，如图 2 – 28c 所示。

【例 2 – 13】已知球面上点 K 的水平投影 k，如图 2 – 29a 所示，求作点 K 的正面投影和侧面投影。

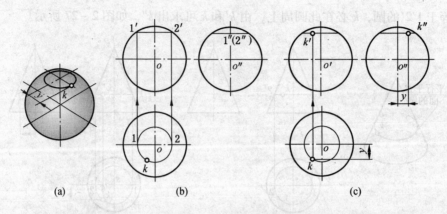

图 2-29 球面上点的投影

解 分析：球面的投影没有积聚性，且圆球面上不能作出直线，所以只能采用辅助圆法求作其表面上点的投影。

方法一：过点 K 在球面上作平行于 H 面的辅助圆，在水平投影上以 O 为圆心，ok 为半径作圆 12。根据投影关系求得辅助圆的正面投影 1'2' 及侧面投影 1''2''（图 2-29b）。再根据 K 是圆上的点，可由 k 求得 k' 及 k''。由已知的水平投影 k，可判断点 K 是在球面的左上前部分，所以 k' 和 k'' 都是可见的，如图 2-29c 所示。

方法二：过点 K 在球面上作平行于 V 面的辅助圆，其作图过程如图 2-30 所示。

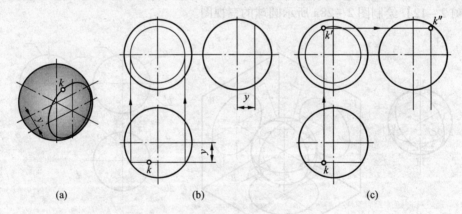

图 2-30 球面上点的投影的另一种方法

复习思考题

1. 中心投影法和平行投影法有什么区别？
2. 机械工程图样主要采用什么方法绘制？
3. 正投影有哪些基本特性？
4. 简述三视图与物体的方位关系。

第三章　截交线和相贯线

用平面截切立体时，平面与立体表面形成的交线称为截交线。这样的平面称为截平面，由截交线围成的平面图形称为截断面。如图3-1所示。

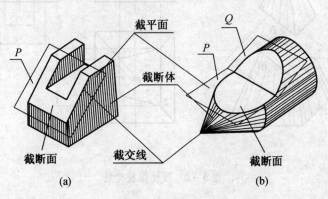

图3-1　截交线

一、截交线的性质

（1）截交线是截平面与立体的共有线，它既在截平面上，又在立体表面上，截交线上的点，是截平面与立体表面的共有点。

（2）立体是由其表面围成的，所以截交线必然是由一条或多条直线（平面曲线）围成的封闭的平面图形。

二、求截交线的步骤

（1）根据基本体、截平面与基本体的相对位置，确定截交线的形状。

（2）分析截平面的投影特性，从而明确截交线的投影。

（3）正确地画出截交线的投影，并整理图形。

第一节　平面体的截交线

平面体的表面是由若干个平面图形所组成，所以它的截交线是由直线所组成的封闭的平面多边形。多边形的各个顶点是棱线与截平面的交点，多边形的每条边是棱面与截平面的交线，如图3-2a所示。因此，作平面体的截交线，就是求出截平面与各棱线的交点，然后依次连接即得截交线。

【例3-1】求作带切口四棱锥的截交线（图3-2a）。

解　分析：四棱锥被截平面斜切，截交线为四边形，其四个顶点分别是四条侧棱线与截平面的交点。又知截平面是一个正垂面，所以截交线的正面投影积聚在正垂面上，其水平投影和侧面投影为四边形的类似形。

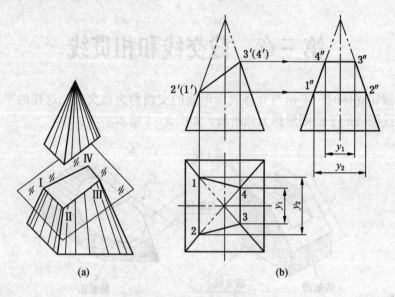

图 3-2 四棱锥截交线

作图步骤：

（1）因截平面的正面投影积聚成直线，可直接定出截交线各点的正面投影 2′（1′）、3′、（4′）。

（2）再根据直线上点的投影规律，求出各顶点的水平投影 1、2、3、4 和侧面投影 1″、2″、3″、4″。

（3）依次连接各顶点的同面投影，即得截交线的投影（图 3-2b）。

第二节 回转体的截交线

回转体的表面是由曲面或曲面和平面所组成的，它的截交线一般是封闭的平面曲线。截交线上的任一点都可看作是回转面上的某一条线（直线或曲线）与截平面的交点。因此，在回转面上适当地作出一系列辅助线（素线或纬圆），并求出它们与截平面的交点，然后依次光滑连接即得截交线。

一、圆柱的截交线

平面与圆柱面相交时，根据截平面对圆柱体轴线位置的不同，截交线有三种形状，即圆、椭圆和两条与轴线平行的直线，见表 3-1。

【例 3-2】绘制图 3-3a 所示的圆柱切口体的三视图。

解 分析：圆柱切口体可看成被三个截平面截切而成，由两个平行于圆柱轴线的侧平面截切形成的截交线为矩形，它们的侧面投影反映实形，且两个矩形投影重合，它们的正面投影和水平投影都积聚成一直线段；由一个与圆柱轴线垂直的水平面截切形成的截交线为圆的一部分，其水平投影反映实形，正面、侧面投影积聚成直线段。

表3-1 圆柱的截交线

截平面位置	与轴线平行	与轴线垂直	与轴线倾斜
截交线形状	直线	圆	椭圆
轴测图			
投影图			

作图步骤： 如图3-3b所示。

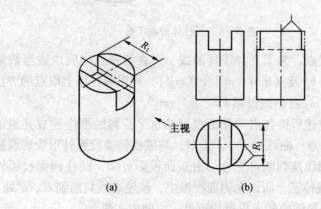

(a)   (b)

图3-3 圆柱切口体

【例3-3】求作圆柱截切体的截交线（图3-4）。

解 分析： 如图3-4所示，截平面 P 与圆柱轴线斜交，截交线为椭圆。由于平面 P 为正垂面，所以椭圆的正面投影与截平面的正面投影积聚成一条斜直线，椭圆的水平投影与圆柱的水平投影积聚成一圆，故所求的仅是侧面投影。

作图步骤：

（1）求作特殊位置点。特殊点通常指曲线上最高、最低、最左、最右、最前、最后点等确定曲线投影范围的极限点以及可见性的分界点，一般来说，这些点大多在回转体的投影外形轮廓线上。

由图中看出，椭圆长轴端点 A、B 在圆柱正面投影外形轮廓线上，它们分别是曲线的最高点、最低点；而椭圆短轴端点 C、D 在圆柱侧面投影外形轮廓线上，它们分别是曲线的最前点、最后点。根据圆柱外形轮廓线在各投影中的对应位置及线上点的投影原理，先确定上述四点的水平投影 a、b、c、d（在圆上）及正面投影 a'、b'、c'、(d')，然后求出其侧面投影 a''、b''、c''、d''。

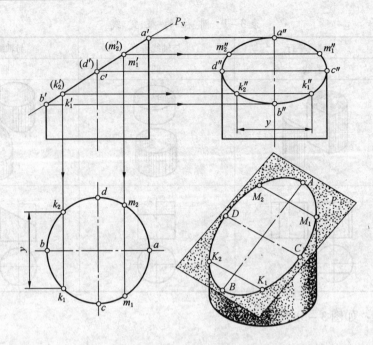

图 3 - 4　圆柱体的截交线

（2）求作一般位置点。为了光滑连接曲线，可在特殊点之间取适当数量的一般位置点。如在正面投影上取 k_1' 及（k_2'）、m_1' 及（m_2'），再用圆柱面上取点的方法求出各点的水平投影 k_1、k_2、m_1、m_2 及侧面投影 k_1''、k_2''、m_1''、m_2''。

（3）连曲线。将上述所得各点的侧面投影按水平投影的顺序连成光滑的曲线，即得到椭圆的侧面投影。注意，曲线过 c''、d'' 点时，与圆柱侧面投影外形轮廓线相切。

（4）整理外形轮廓线及判断可见性。由正面投影可知，圆柱侧面投影外形轮廓线在 $c'(d')$ 以上的一段被截掉了，所以在侧面投影中，该轮廓线只画到 c''、d'' 处。由于平面 P 位于左上方，所以整个椭圆的侧面投影均可见，应画成实线。

二、圆锥的截交线

平面与圆锥面相交，由于截平面与圆锥轴线的相对位置不同，其截交线有五种不同的形状，即圆、过锥顶的两直线（三角形）、椭圆、抛物线、双曲线，见表 3 - 2。

表 3 - 2　圆锥的截交线

截平面位置	⊥轴线	过锥顶 （不平行轮廓素线）	∠轴线 （不与轮廓线平行）	平行轮廓素线	//轴线 （过锥顶除外）
截交线形状	圆	直线	椭圆	抛物线	双曲线
轴测图					

表 3 - 2（续）

截平面位置	⊥轴线	过锥顶 （不平行轮廓素线）	∠轴线 （不与轮廓线平行）	平行轮廓素线	//轴线 （过锥顶除外）
投影图					

【例 3 - 4】如图 3 - 5a 所示，圆锥被一平面所截切，完成其截交线的投影。

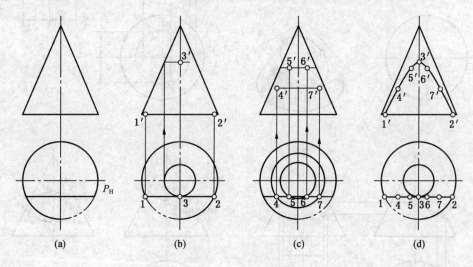

(a)　　　　　(b)　　　　　(c)　　　　　(d)

图 3 - 5　圆锥截交线

解　分析：由于截平面是平行于圆锥轴线的正平面，所以圆锥的截交线是双曲线，截交线的正面投影反映实形，其水平投影积聚成一直线，故所求的仅是双曲线的正面投影。

作图步骤：

（1）求作特殊位置点。如图 3 - 5b 所示，圆锥底圆上的点是双曲线的最低点，其水平投影为 1、2 两点，可直接确定它们的正面投影 1′、2′；双曲线上离锥顶最近的点是双曲线的最高点，其水平投影为 3 点，利用过 3 点在圆锥面上作辅助圆的方法求出其正面投影 3′。

（2）求作一般位置点。如图 3 - 5c 所示，在水平投影上于 3 个特殊点之间取一般位置点 4、5、6、7，再过这些点在圆锥面上作辅助圆（先画圆的水平投影，后画该圆积聚为直线的正面投影），求出各点的正面投影 4′、5′、6′、7′。也可用在圆锥面上作辅助素线的方法求上述各点的投影，读者可自行考虑作图步骤。

（3）连曲线。如图 3 - 5d 所示，将上述各点的正面投影按顺序连成光滑的曲线，即得双曲线的正面投影。

（4）整理外形轮廓线并判断可见性。如图 3 - 5d 所示，平面没有截切圆锥正面外形轮廓线，所以正面外形轮廓线完整画出，而双曲线处于圆锥的前半面，故其正面投影可见，画成实线。

　　【例3－5】完成切口圆锥体的截交线投影（图3－6）。

　　解　分析：如图3－6a所示，截平面与圆锥轴线斜交，且不与轮廓线平行，所以截交线是一椭圆，其正面投影与平面 P 有积聚性的迹线 P_V 重合，而水平投影和侧面投影反映椭圆的类似形，故所要求的是截交线的水平投影和侧面投影。由图可知，该椭圆的长轴 AB 是正平线，位于圆锥轴线的前、后对称平面上；短轴 CD 与长轴垂直平分，为正垂线。

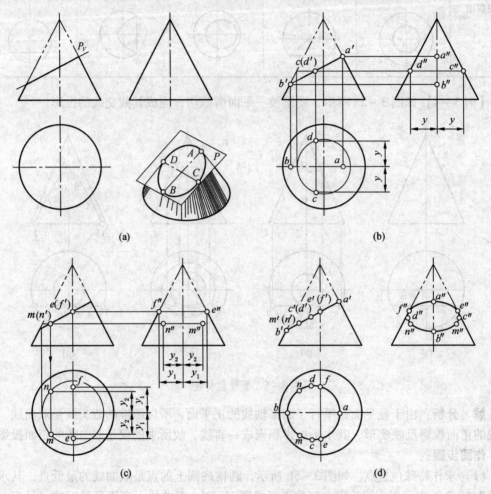

图3－6　截平面与圆锥斜交

　　作图步骤：

　　（1）求作特殊位置点。先求椭圆长、短轴的端点，如图3－6b所示，长轴 AB 在前、后对称面上，其端点 A、B 的正面投影就是圆锥正面投影轮廓线与 P_V 的交点 a'、b'，由此可确定水平投影 a、b 及侧面投影 a''、b''，A、B 分别是椭圆的最高、最低点，也是最右点和最左点；而短轴 CD 的正面投影 $c'(d')$ 必在 $a'b'$ 的中点处，过 C、D 在圆锥面上作辅助圆，求出水平投影 c、d 及侧面投影 c''、d''，此两点是最前点和最后点。这里还需要求出圆锥侧面投影外形轮廓线与平面 P 的交点 E、F（图3－6c），其正面投影在 P_V 与圆锥轴线正面投影的交点处，即 $e'(f')$，可先求出 e''、f''，再求出 e、f。

（2）求作一般位置点。在特殊点之间取点 M、N（图3-6c），先在 P_V 上确定其正面投影 $m'(n')$，再过此两点在圆锥面上作辅助圆，求出水平投影 m、n 及 m''、n''。

（3）连曲线。如图3-6d所示，将所求各点的水平投影和侧面投影分别连成光滑曲线，即得到椭圆的两个投影。值得注意的是，侧面投影中，椭圆过 e''、f'' 时，一定与圆锥外形轮廓线相切。

（4）整理外形轮廓线及判别可见性。如图3-6d所示，侧面投影中，圆锥外形轮廓线只画到 e''、f'' 处，因截平面切去了圆锥的左上部，所以椭圆的水平投影和侧面投影均可见，应画成实线。

三、圆球的截交线

任何位置的截平面截切圆球，其截交线都是圆。由于截平面相对于投影面的位置不同，截交线的投影可能是圆、椭圆或直线。

【例3-6】试绘制图3-7所示的半圆头螺钉头部的三视图。

解 分析： 以图3-7中箭头方向为正面投影方向，可以看出，螺钉头部是一个半圆球被两个侧平面和一个水平面截切出一长方形槽，各平面与球面的截交线均为圆的一部分，即圆弧。因各截平面的正面投影分别积聚为一段直线，则各段截交线圆弧的正面投影分别与直线重合；两个侧平面截得的圆弧的侧面投影反映实形，其水平投影积聚成一直线段，而水平面截得两段圆弧的水平投影反映实形，侧面投影积聚为直线段。

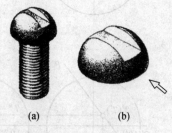

(a)　　　　(b)

图3-7　螺钉头部

作图步骤： 作图时为求出圆弧的半径，可假想将切平面扩大，画出平面与整个球面的截交线圆，然后留取实际存在的部分圆弧。螺钉头部三视图的作图过程如图3-8所示。

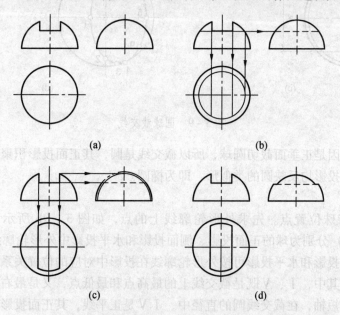

(a)　　　　　　　　(b)

(c)　　　　　　　　(d)

图3-8　螺钉头部三视图的作图过程

【例 3-7】 求作圆球的截交线（图 3-9a）。

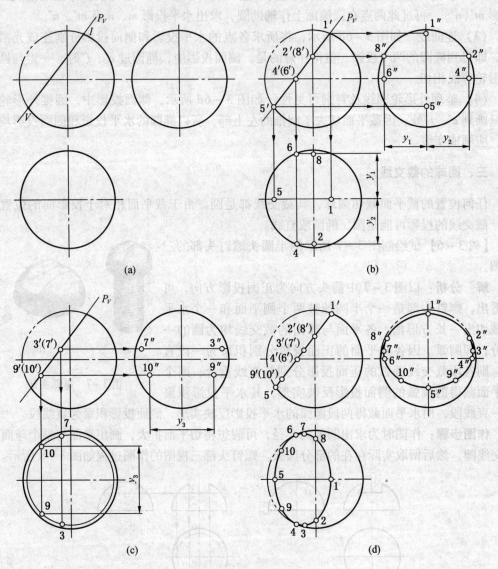

(a)　　　　　　　　　　　(b)

(c)　　　　　　　　　　　(d)

图 3-9　圆球截交线

解　分析：因是正垂面截切圆球，所以截交线是圆，其正面投影积聚为一直线段，而水平投影和侧面投影均反映圆的类似形，即为椭圆。

作图步骤：

（1）求作特殊位置点。先求外形轮廓线上的点，如图 3-9b 所示，1′和 5′、2′和（8′）、4′和（6′）分别为球的正面投影、侧面投影和水平投影中外形轮廓线上点的正面投影，它们的侧面投影和水平投影可按外形轮廓线在投影中对应的位置关系和线上点的投影原理直接求出。其中，Ⅰ、Ⅴ既是截交线上的最高点和最低点，又是最右点和最左点。

求椭圆的长短轴，在截交线圆的直径中，ⅠⅤ是正平线，其正面投影 1′5′的长度等于截交线圆的直径，它的侧面投影 1″5″和水平投影 15 分别为两个椭圆的短轴；长轴是和短轴垂直平分的正垂线Ⅲ Ⅶ（图3-9c），其正面投影3′（7′）积聚为一点并且在1′5′的中点上，水平投影37和侧面投影3″7″均等于截交线圆的直径，根据3′、（7′）点即可确定长轴的水平投影和侧面投影。Ⅲ、Ⅶ两点分别是截交线的最前点和最后点。

（2）求作一般位置点。如图3-9c所示，在正面投影中，在P_V上取9′、（10′）点，过这两点在球面上作水平辅助圆，求出其水平投影9、10及侧面投影9″、10″。

（3）连曲线。按各点正面投影中可见与不可见的排列顺序，将它们的水平投影和侧面投影分别连成光滑曲线（或根据长、短轴作椭圆）。注意，水平投影中的椭圆过4、6点与外形轮廓线圆相切，而侧面投影中的椭圆过2″、8″点与外形轮廓线圆相切。

（4）整理外形轮廓线及判断可见性。如图3-9d所示，水平投影中，球的外形轮廓线圆只画到4、6点为止，侧面投影中，球的外形轮廓线圆只画到2″、8″点为止。因球被切去左上部一球冠，所以截交线的水平投影和侧面投影均可见，都画成实线。

第三节　相　贯　线

两个立体相交称为相贯体，其表面交线叫做相贯线。如图3-10a所示的三通，是圆柱与圆柱相交；如图3-10b所示的轴承盖，是圆台与球相交，都产生相贯线。

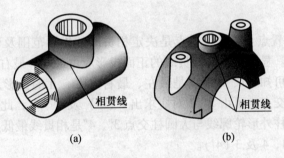

(a)　　　　　　　　　(b)

图3-10　相贯线

一、相贯线的性质

（1）相贯线是两立体表面的共有线，也是两立体表面的分界线，所以，相贯线上所有点是两立体表面的共有点。

（2）因为立体具有一定的范围，一般情况下，相贯线是封闭的空间曲线；在特殊情况下也可成为平面曲线或直线。

二、利用积聚性求作相贯线

【例3-8】求作两圆柱正交的相贯线（图3-11）。

解　**分析**：由图3-11可知，大圆柱轴线垂直于侧面，小圆柱轴线垂直于水平面，两圆柱轴线垂直相交。因为相贯线是两圆柱面上的共有线，所以其水平投影积聚在小圆柱的水平投影的圆周上，而侧面投影积聚在大圆柱侧面投影的圆周上（在小圆柱外形轮廓线之间的一段圆弧），需要求的是相贯线的正面投影。因相贯线前、后对称，所以相贯线前、后部分的正面投影重合。

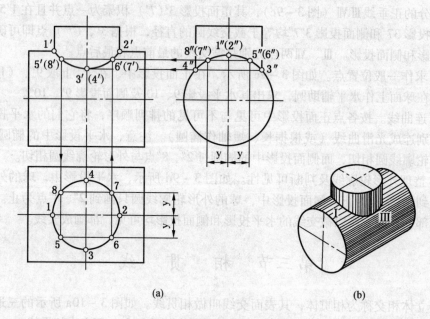

图 3-11　利用积聚性求相贯线

作图步骤：

（1）求作特殊位置点。特殊位置点是决定相贯线的投影范围及可见性的点，它们大部分在外形轮廓线上。显然，本题相贯线的正面投影应由最左、最右及最高、最低点决定其范围。由水平投影可知，1、2 两点是最左、最右点 Ⅰ、Ⅱ 的投影，它们也是两圆柱正面投影外形轮廓线的交点，可由 1、2 对应求出 1″(2″) 及 1′、2′，此两点也是最高点；由侧面投影可知，小圆柱外形轮廓线与大圆柱交点 3″、4″ 是相贯线最低点 Ⅲ、Ⅳ 的投影，由 3″、4″ 直接对应求出 3、4 及 3′(4′)。

（2）求作一般位置点。一般位置点决定曲线的趋势。任取对称点 Ⅴ、Ⅵ、Ⅶ、Ⅷ 的水平投影 5、6、7、8，然后求出其侧面投影 5″、6″、7″、8″，最后求出正面投影 5′、6′ 及 (7′)、(8′)。

（3）连曲线。按各点的水平投影的顺序，将各点的正面投影连成光滑曲线，即得正面投影。

（4）判断可见性。判断相贯线投影可见性的原则是：只有当交线同时位于两个基本体的可见表面上时，其投影才是可见的，可见性分界点一定在外形轮廓线上。图 3-11 中，两圆柱前半面的正面投影均可见，1′ 和 2′ 是可见与不可见的分界点，前半部分 1′5′3′6′2′ 可见，连成实线，不可见的后半部分 1′(8′)(4′)(7′)2′ 与前半部分重合。

（5）整理外形轮廓线。由前述可知，两圆柱正面投影外形轮廓线相交于 Ⅰ、Ⅱ 两点，所以相交的轮廓线的投影只画到 1′、2′ 为止；大圆柱外形轮廓线在 1′、2′ 之间绝不能连线。

【例 3-9】 求作轴线垂直交叉的两圆柱相贯线（图 3-12a）。

解　分析： 当相交两圆柱的相对位置变化时，其相贯线的形状也会随之变化。相贯线左、右对称，而前、后不对称，所以相贯线前、后部分的正面投影不重合。

作图步骤：

（1）求作特殊位置点。由图 3 – 12b 可知，小圆柱的正面和侧面投影外形轮廓线均与大圆柱面相交，设其交点分别为Ⅰ、Ⅱ、Ⅲ、Ⅳ；直接标出其水平投影 1、2、3、4 及侧面投影 1″、(2″)、3″、(4″)，再对应求出它们的正面投影 1′、2′、3′、(4′)。其中 1′、2′是相贯线上最左、最右点的投影，而 3′、(4′) 分别是相贯线上的最前、最后点的投影。大圆柱正面投影上边的轮廓线与小圆柱交于Ⅴ、Ⅵ两点，是相贯线上的最高点，已知它们的水平投影 5、6 及侧面投影 5″、(6″)，再对应求出正面投影 (5′)、(6′)（图 3 – 12c）。

（2）求作一般位置点。如图 3 – 12c 所示，在适当位置取一般位置点Ⅶ、Ⅷ的水平投影 7、8，对应作出侧面投影 7″、(8″)，最后求出正面投影 7′、8′。

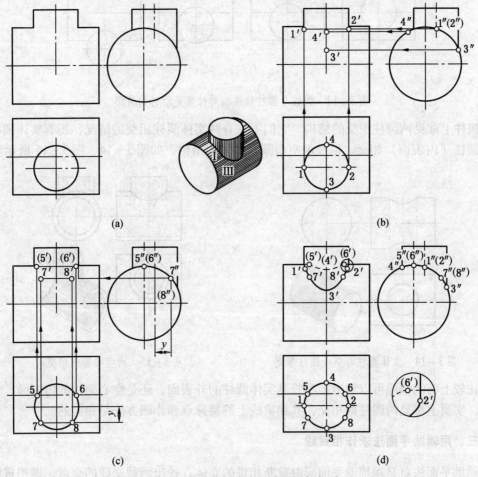

图 3 – 12　轴线垂直交叉的两圆柱相贯

（3）连曲线。如图 3 – 12d 所示，按各点水平投影的顺序将它们的正面投影连成光滑的曲线。应特别注意，曲线经过 (5′)、(6′) 点时，与大圆柱外形轮廓线相切，而过 1′、2′点时，与小圆柱的外形轮廓线相切（见放大图）。

（4）判别可见性。由图 3 – 12d 可知，由 1′、2′点分界，在小圆柱前半面上的各点的正面投影可见，连成实线，其余连成虚线。

（5）整理外形轮廓线。如图 3 – 12d 所示，由于 1′、2′可见，小圆柱的轮廓线用粗实线画到 1′、2′为止，大圆柱的轮廓线只画到（5′）、（6′）处，且被小圆柱挡住的一段画成虚线（见放大图），（5′）、（6′）间没有连线。

图 3-13 所示为两圆柱直径不变，而相对位置变化时相贯线的几种形状。

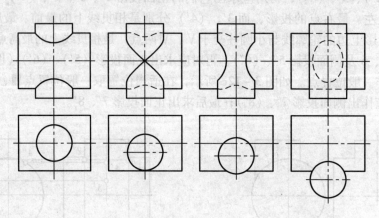

图 3-13　圆柱与圆柱轴线相对位置变动时的情形

机件上常见两圆柱正交的结构，它们不仅有两实体圆柱相交的情况，还有实体圆柱与空心圆柱（内表面）相交，以及两空心圆柱相交的结构，如图 3-14、图 3-15 所示。

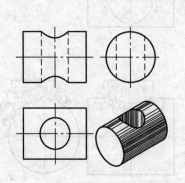

图 3-14　实体圆柱与空心圆柱相交

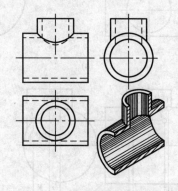

图 3-15　两空心圆柱相交

比较上面的情况可以看出，不管是实体圆柱的外表面，还是空心圆柱的内表面，只要相交，实质上都是两圆柱面相交，其相贯线上的特殊点和作图方法是相同的。

三、用辅助平面法求作相贯线

辅助平面法就是用辅助平面同时截断相贯的立体，找出两截交线的交点，即相贯线上的点，这些点既在立体表面上，又在辅助平面内。因此辅助平面法就是利用三面共点原理，用若干个辅助平面求出相贯线上一系列共有点的方法。

【例 3-10】求作圆柱与圆锥台的相贯线（图 3-16）。

解　**分析**：由图 3-16 可知，圆锥台的轴线为铅垂线，圆柱的轴线为侧垂线，且两轴线正交又都平行于正面，所以相贯线为封闭的空间曲线且前、后对称，其正面投影重合。

选择辅助平面：对于圆柱，可选用垂直于轴线的侧平面或平行于轴线的水平面作辅助平面；而圆锥台，可选用垂直于轴线的水平面或过锥顶的各种投影面平行面作辅助平面，综合后，选择水平面作为辅助平面。

图 3 – 16　正交的圆柱与圆锥台相贯

作图步骤：

（1）求作特殊位置点。如图 3 – 17a 所示，由侧面投影可知 1″、2″是最高点和最低点Ⅰ、Ⅱ的投影，此两点是两回转体正面投影外形轮廓线的交点，可直接确定 1′、2′，并由此投影确定水平投影 1、2；而 3″、4″是最前点、最后点Ⅲ、Ⅳ的侧面投影，它们在圆柱水平投影外形轮廓线上，过圆柱轴线作水平面 P 为辅助平面（画出 P_V），求出平面 P 与圆锥面截交线圆的水平投影，此圆与圆柱面水平投影外形轮廓线交于 3、4 两点，并求出正面投影 3′、（4′）。

（2）求作一般位置点。如图 3 – 17b 所示，作水平面 Q 为辅助平面，首先画出 Q_V 及 Q_W，再求出 Q 与圆锥面的截交线圆 L 的水平投影 l，并画出 Q 与圆柱面的两条截交线 M、N 的水平投影 m、n，则 l 与 m、n 的交点 5、6 即是 L 与 M、N 的交点Ⅴ、Ⅵ的水平投影，最后在 Q_V 上确定 5′、（6′）；同理，作水平面 S，求出（7）、（8）及 7′、（8′）点。

（3）连曲线。如图 3 – 17c 所示，因曲线前、后对称，正面投影中，用粗实线画出可见的前半部分曲线；水平投影中，由 3、4 点分界，在上半圆柱面上的曲线可见，将 3 5 1 6 4 段曲线画成实线，其余部分不可见，画成虚线。

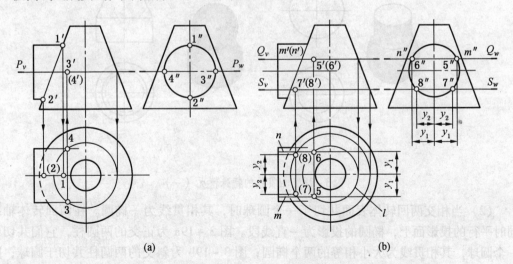

(a)　　　　　　　　　　　　　　　(b)

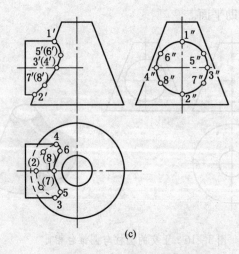

(c)

图 3-17　圆柱和圆锥的相贯线

（4）整理外形轮廓线。如图3-17c所示，正面投影中，两回转体外形轮廓线画到交点1′、2′点为止；水平投影中，圆柱外形轮廓线用实线画到3、4点止。

四、相贯线的特殊情况

两回转体相交，其相贯线一般为空间曲线，但在特殊情况下，也可能是平面曲线或是直线，下面介绍几种常见的特殊相贯线。

（1）同轴的两回转体相交，相贯线是垂直于轴线的圆。在与轴线平行的投影面上，该圆的投影成直线。图3-18a是圆柱和圆球同轴，而图3-18b的上半部是圆锥与圆球共轴，下半部是圆锥与圆柱同轴，因它们的轴线平行于正面，所以在正面投影中，相贯线圆的投影都是直线。

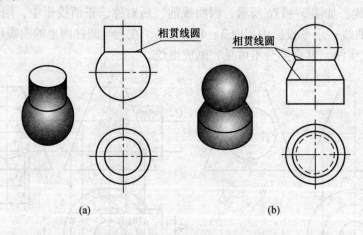

图 3-18　相贯线的特殊情况（一）

（2）当相交两回转体表面共切于一个圆球时，其相贯线为一椭圆。在两回转体轴线同时平行的投影面上，椭圆的投影为一直线段。图3-19a为正交的两圆柱，它们共切于一个圆球，其相贯线为大小相等的两个椭圆；图3-19b为斜交的两圆柱共切于圆球；图

3－19c 是正交的圆锥和圆柱共切于一圆球，其相贯线为大小相等的两个椭圆。以上 3 种情况中，因它们的轴线平行于正面，所以相贯线的正面投影各积聚为一直线。

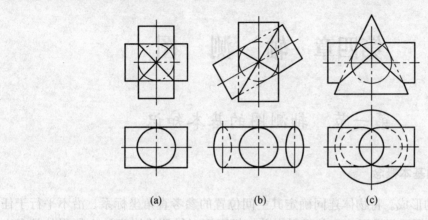

(a)   (b)   (c)

图 3－19 相贯线的特殊情况（二）

（3）当两圆柱轴线平行或两圆锥共顶相交时，相贯线为直线。如图 3－20a 和图 3－20b 所示。

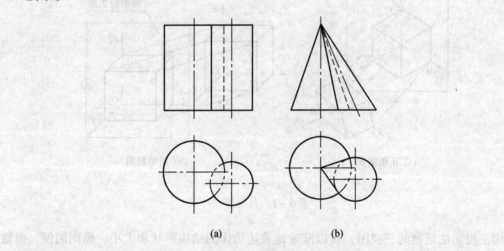

(a)   (b)

图 3－20 相贯线的特殊情况（三）

画相贯线时，如遇到上述这些特殊情况时，可直接画出，不必用前面介绍的求相贯线的两种方法。

第四章 轴 测 图

第一节 轴测图的基本知识

一、轴测图的基本概念

（1）轴测图的形成。将物体连同确定其空间位置的参考直角坐标系，沿不平行于任一坐标面的方向，用平行投影法将其投射在单一投影面（轴测投影面）上所得的具有立体感的图形（轴测投影）称为轴测图，如图 4-1 所示。

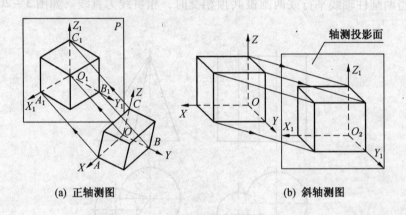

(a) 正轴测图   (b) 斜轴测图

图 4-1 轴测图

用正投影法绘制的三视图，可以准确地表达物体的结构形状和大小，画图简便，但缺乏立体感，直观性差。而轴测图是用一个投影面来表达形体三维空间（长、宽、高）的立体图样。这种图直观性强，富有立体感，但度量性差，不能表达机件的实际形状，因此，轴测图被应用于设计构思、产品介绍、帮助读图及进行外观设计等。绘制和识读轴测图也是工程技术人员必备的能力之一。

（2）轴测轴。空间直角坐标系中的坐标轴 OX、OY、OZ 在轴测投影面上的投影 O_1X_1、O_1Y_1、O_1Z_1，称为轴测轴。

（3）轴间角。轴测投影图中，两根轴测轴之间的夹角，称为轴间角。

（4）轴向伸缩系数。轴测轴上的单位长度与相应投影轴上的单位长度的比值。OX、OY、OZ 轴上的伸缩系数分别用 p_1、q_1 和 r_1 表示，简化伸缩系数分别用 p、q 和 r 表示。

二、轴测图的种类

常用的轴测图种类见表 4-1。

表4-1 常用的轴测投影

种 类		正 轴 测 投 影			斜 轴 测 投 影		
特 性		投射线与轴测投影面垂直			投射线与轴测投影面倾斜		
轴测类型		等测投影	二测投影	三测投影	等测投影	二测投影	三测投影
简 称		正等测	正二测	正三测	斜等测	斜二测	斜三测
应用举实例	伸缩系数	$p_1 = q_1 =$ $r_1 = 0.82$	$p_1 = r_1 = 0.94$ $q_1 = p_1/2 = 0.47$	视具体要求选用	视具体要求选用	$p_1 = r_1 = 1$ $q_1 = 0.5$	视具体要求选用
	简化系数	$p = q = r = 1$	$p = r = 1$ $q = 0.5$			无	
	轴间角						

工程上常用的是正等测图、正二测图、斜二测图，本书只介绍正等测图和斜二测图。

三、轴测投影的特性

由于轴测图采用的是平行投影法，所以轴测投影仍保持平行投影法的投影特性。

（1）机件上与坐标轴平行的直线段，其轴测投影也必平行与相应的轴测轴。

（2）机件上相互平行的直线段，其轴测投影也互相平行。

轴测投影的特性是画轴测图的依据。

四、画轴测图的方法

画轴测图常用的方法有坐标法、切割法和叠加法。

（1）坐标法。根据坐标关系，画出立体表面上各点的轴测投影，然后连接形体表面的轮廓线，这种方法称为坐标法。坐标法是画轴测图的基本方法。

（2）切割法（也叫方箱法）。先画出基本形体的整体再按形体分析逐块地切割，这种作图方法称为切割法。这种方法适合于切割体。

（3）叠加法。按形体各组成部分及它们的相对位置，逐个往上叠加的画法称为叠加法，这是画组合体轴测图的基本方法。

五、画轴测图时应注意的问题

（1）选择合适的坐标轴位置。画轴测图时，是以轴测轴为基准的，因此，应以便于作图为前提确定坐标轴。坐标轴一般设置在形体的对称中心线、轴线或主要棱线上。

（2）画轴测图时，用实线画出形体的可见轮廓线，而不可见轮廓线通常不画。

（3）画轴测图时，当所画线段未与坐标轴平行时，不可在图上直接度量，而应按坐标分别作出线段两端点的轴测投影，然后连线得到线段的轴测图。

第二节　正等轴测图

一、正等轴测图的形成

放置物体使它的三个坐标轴对于轴测投影面有相同的倾角，然后用正投影的方法向投影面投射所得到的轴测图，称为正等测图，如图 4 - 1a 所示。

二、正等测的轴测轴、轴间角和轴向伸缩系数

（1）轴间角。正等轴测图的三个轴间角相等，均为 120°。作图时，通常把 O_1Z_1 轴画成铅垂位置，如图 4 - 2 所示。

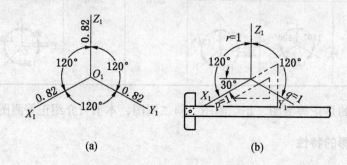

(a)　　　　　　　　　　(b)

图 4 - 2　轴间角和轴向伸缩系数

（2）轴向伸缩系数。由于形体上的三根直角坐标轴都与轴测投影面的夹角相同，因此它们的轴向伸缩系数也相等，即 $p_1 = q_1 = r_1$。在轴测图中，形体的轴向尺寸均缩小为原来尺寸的 0.82 倍，如图 4 - 2a 所示。为作图方便，常用简化的轴向伸缩系数即 $p = q = r = 1$，如图 4 - 2b 所示。用这种方法作图时，与轴测轴平行的线段，直接用其实长量取。这样画出的正等轴测图轴向尺寸均放大了，为原来的 $1/0.82 \approx 1.22$ 倍，与前者比较其形状和直观效果并未发生改变，且作图简便。

三、平面体的正等测图画法

【例 4 - 1】求作图 4 - 3 所示的正六棱柱的正等轴测图。

解　**分析：**正六棱柱的上下两个面均为正六边形，其水平投影反映实形，因此，应取顶面的中心为原点，采用坐标法画图。

作图步骤：

（1）确定坐标原点和坐标轴，如图 4 - 3 所示。

（2）画轴测轴，并确定点 a、d、m、n 的轴测投影 A、D、M、N，如图 4 - 4a 所示。

（3）通过点 M、N 作相应轴测轴的平行线，确定点 B、C、E、F，连线完成顶面的轴测投影，如图 4 - 4b 所示。

（4）由各顶点向下量取棱柱高，得到底面各顶点，如图 4 - 4c 所示。

（5）连接底面各顶点，擦除多余图线，描深，如图 4 - 4d 所示。

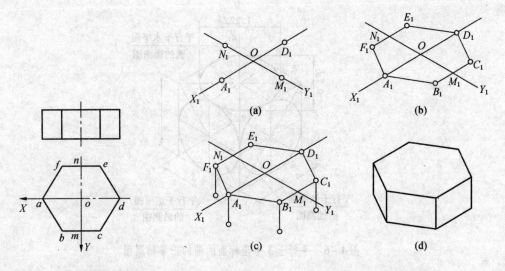

图4-3 正六棱柱的两面视图　　　图4-4 正六棱柱的正等轴测图画法

【例4-2】求作楔形体的正等测图。

解　分析： 如图4-5a所示的楔形体，可看做是由一长方体被斜切一角而生成，因此，应采用切割法画图，即先画出完整的长方体，然后完成斜角的轴测投影。

作图步骤：

（1）确定坐标原点及坐标轴，如图4-5a所示。

（2）根据尺寸 a、b、h 画出长方体的轴测图，如图4-5b所示。

（3）根据尺寸 c、d 定出斜面上线段端点的位置，并连成平行四边形，如图4-5c所示。

（4）擦去多余的图线，描深，如图4-5d所示。

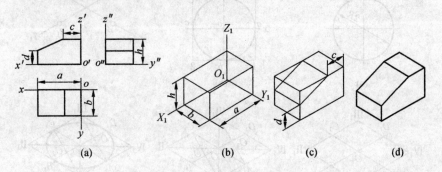

图4-5 楔形体的正等测图

四、回转体的正等测图画法

1. 圆的正等轴测图画法

圆的正等轴测图为椭圆。椭圆的长、短轴与轴测轴有以下的关系，如图4-6所示。

当圆所在的平面平行于 XOY 面（即水平面）时，椭圆的长轴垂直于 O_1Z_1 轴，短轴与 O_1Z_1 重合。

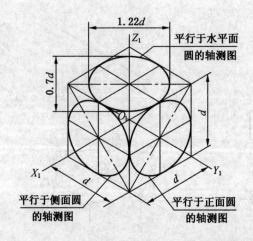

图4-6　平行于3个坐标面的圆的正等轴测图

当圆所在的平面平行于 XOZ 面（即正面）时，椭圆的长轴垂直于 O_1Y_1 轴，短轴与 O_1Y_1 轴重合。

当圆所在的平面平行于 YOZ 面（即侧面）时，椭圆的长轴垂直于 O_1X_1 轴，短轴与 O_1X_1 轴重合。

在正等测图中，如果用轴向伸缩系数 0.82 作图，则长轴等于圆的直径 d，短轴等于 $0.58d$。如果采用简化系数作图，则其长、短轴均放大 1.22 倍，即长轴的长度等于 $1.22d$，短轴约等于 $1.22 \times 0.58 = 0.7d$，如图 4-6 所示。

【例 4-3】绘制如图 4-7a 所示圆的正等测图。

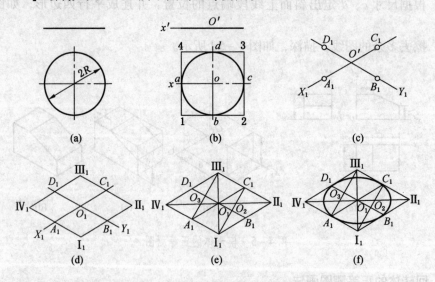

图4-7　用四心圆法画圆的正等测图

解　作图步骤：

（1）确定坐标轴和坐标原点，作圆的外切正方形，如图 4-7b 所示。

（2）画轴测轴，并在 X_1、Y_1 轴上截取 $O_1A_1 = O_1C_1 = O_1B_1 = O_1D_1 = R$，得 $A_1B_1C_1D_1$ 四点，如图 4-7c 所示。

（3）画外切正方形的轴测图（菱形），如图 4-7d 所示。

（4）连 I_1C_1、III_1A_1 分别与 II_1IV_1 相交于 O_2、O_3，如图 4-7e 所示。

（5）分别以 I_1、III_1 为圆心，I_1C_1、III_1A_1 为半径画圆弧 A_1B_1、C_1D_1。再分别以 O_2、O_3 为圆心，O_2C_1 为半径，画圆弧 B_1C_1、A_1D_1。四段圆弧光滑相接即可，如图 4-7f 所示。

【例 4-4】绘制如图 4-8a 所示的圆柱的正等测图。

解 分析：圆柱的轴线是铅垂线，其上、下底面平行且均为水平面，其轴测投影图是两个相同的椭圆。考虑作图方便，选取顶圆圆心为坐标原点，如图 4-8a 所示。

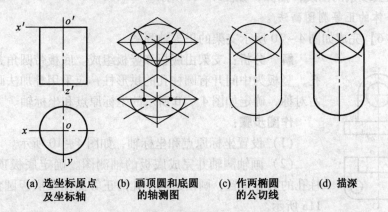

（a）选坐标原点　（b）画顶圆和底圆　（c）作两椭圆　（d）描深
　及坐标轴　　　　 的轴测图　　　 的公切线

图 4-8　圆柱的正等测图画法

画圆柱体的正等测图时，画出顶圆的轴测投影后，也可以用移心法完成底圆的轴测投影，这里不再赘述，由读者自行练习。如图 4-8b ～图 4-8d 所示。

2. 圆角的正等轴测图画法

【例 4-5】绘制如图 4-9a 所示图形的正等测图。

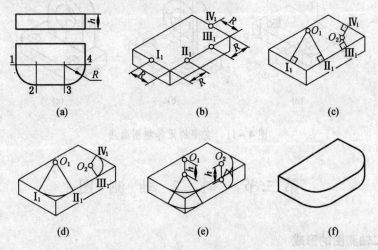

（a）　　　　　　　（b）　　　　　　　（c）

（d）　　　　　　　（e）　　　　　　　（f）

图 4-9　圆角的正等测图画法

解 分析：如图 4-9 所示，平板上的两个圆角，均可以看成是 1/4 的圆柱。因此圆角的正等测图可看成是 1/4 的椭圆，画图时，通常采用简化画法。

作图步骤：

（1）由图4－9a画出平板的轴测图，并根据圆角的半径 R，在平板上底面相应的棱线上找出各切点的轴测投影，如图4－9b所示。

（2）过切点作相应棱线的垂线，每对垂线的交点即为圆心 O_1、O_2，如图4－9c所示。

（3）分别以 O_1、O_2 为圆心，以圆心到切点的距离为半径画弧，即得到底板顶面圆角的正等轴测图，如图4－9d所示。

（4）用移心法画出底面圆角，并在右端作上下两圆弧的公切线，如图4－9e所示。

（5）擦去多余的图线，描深，如图4－9f所示。

3. 组合体的正等测图画法

【例4－6】 完成如图4－10所示支架的正等轴测图。

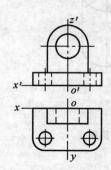

图4-10　支架视图

解　分析： 支架由底板和竖板组成。底板带圆角并有两个圆柱孔，竖板为中间开有圆柱孔的拱形柱，应采用叠加法画图。支架左右对称，确定如图4－10所示的坐标原点和坐标轴。

作图步骤：

（1）设置坐标原点和坐标轴，如图4－10所示。

（2）画轴测轴并完成底板的轴测图。确定底板顶面上两个圆柱孔的圆心位置，画出这两个孔的正等测图及底板圆角，如图4－11a所示。

（3）画竖板的轴测图。由竖板半圆柱的后表面圆心定出前表面圆心，画出其前表面圆柱的正等测图、竖板与底板的交线并由交点作切线、圆孔，如图4－11b所示。

（4）整理图形，描深，如图4－11c所示。

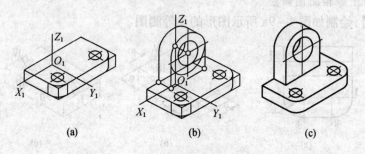

(a)　　　　　　(b)　　　　　　(c)

图4-11　支架的正等测图画法

第 三 节　斜 二 轴 测 图

一、斜二轴测图的形成

如图4－1b所示，当形体的坐标面 *XOZ* 平行于轴测投影面时，用斜投影的方法将形体连同其直角坐标轴向轴测投影面进行投射，所得的轴测图称为斜二等轴测图，简称斜二测。

二、轴间角和轴向伸缩系数

斜二轴测图中的轴间角和轴向伸缩系数如图 4－12 所示。

斜二测的特点是形体上与轴测投影面平行的表面，在轴测投影中反映实形。因此，画轴测图时，应尽量使形体上形状复杂的一面平行于轴测投影面。

斜二测图的画法，与正等测图画法相似，但它们的轴间角及轴向变形系数不同，所以画斜二测图时，沿 Y_1 轴方向的长度应取形体上相应长度的一半，如图 4－13 所示。

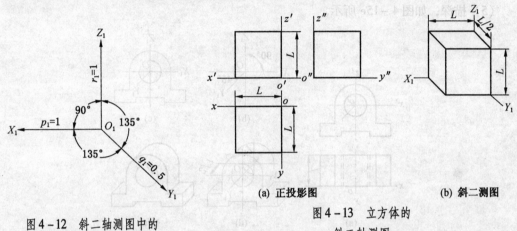

图 4－12　斜二轴测图中的
轴间角和轴向伸缩系数

(a) 正投影图　　　　(b) 斜二测图

图 4－13　立方体的
斜二轴测图

三、圆的斜二测图画法

平行于坐标面的圆的斜二轴测投影如图 4－14 所示。

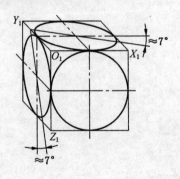

图 4－14　平行于坐标面圆的斜二轴测图

平行于坐标面 XOZ 圆的斜二测投影是大小相同的圆，而平行于坐标面 XOY 和 YOZ 的圆的斜二测投影是椭圆。平行于坐标面 XOY 的圆的斜二测椭圆长轴对于 X_1 轴约偏转 7°；平行于坐标面 YOZ 的圆的斜二测椭圆长轴对于 Z_1 轴约偏转 7°；长轴长度约等于 $1.06d$（d 为圆的直径），短轴长度约等于 $0.33d$。

四、形体的斜二轴测图画法

【例 4－7】根据图 4－15a 所示轴承座的两面视图，完成其斜二测图。

解　分析：如图 4 – 15a 所示，轴承座的前后端面有圆和圆弧，且两端面平行于 XOZ 坐标面，因此，采用斜二测作图最方便。选择前端面圆孔中心为坐标轴原点。

作图步骤：

（1）设置坐标原点和坐标轴，如图 4 – 15a 所示。

（2）画轴测轴，如图 4 – 15b 所示。

（3）画轴承座的前端面轴测图，如图 4 – 15c 所示。

（4）画轴承座后端面可见部分的轴测图及两圆弧的公切线，如图 4 – 15d 所示。

（5）描深，如图 4 – 15e 所示。

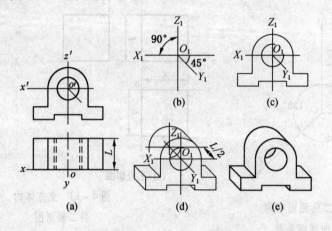

图 4 – 15　轴承座的斜二测图画法

第五章 组 合 体

任何复杂的形体，从几何角度看，都是由一些基本形体按一定方式组合而成的。通常由两个或两个以上的基本体组成的形体称为组合体。

第一节 组合体的形体分析

一、形体分析法

为了正确而迅速地绘制和看懂组合体视图，通常在绘制、标注尺寸和看组合体视图的过程中，根据组合体的形状特征和组成方式，假想将其分解为若干个基本形体，分析各基本形体的形状、相对位置、组合形式以及表面连接关系，这种把复杂形体分解成若干简单形体的分析方法称为形体分析法。

如图5-1a所示的支架，可假想分为4部分：底板为有两个侧棱倒成圆角的长方体，上面钻有两个圆柱孔；圆筒为一圆柱体，中间有一圆柱孔，它位于底板上方的中间部位，前后位置以底板为准向后凸出；支撑板是一个上方为圆柱面的平板，它与底板的后侧面平齐，并对称叠加在底板之上，上方圆柱面与圆筒相接，其倾斜的两个侧面与圆筒的外表面相切；肋为一块带圆柱面的切割体，它叠加在底板上方，其后侧面靠在支撑板上，其圆柱面与圆筒叠合，左右两侧面与圆筒相交，如图5-1b所示。

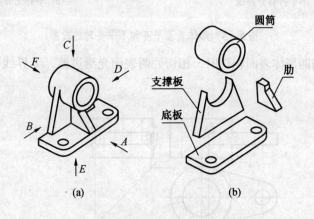

(a)　　　　　　　　　　(b)

图5-1　支架的形体分析

形体分析法是使复杂形体简单化的一种思维方法，也是解决组合体问题的基本方法。因此，在具体分解时，一方面取决于形体自身的形状结构，另一方面也要考虑方便画图和读图。

二、组合体的组合方式及其表面连接关系

1. 组合体的组合方式

组合体的组合方式通常可分为叠加和切割两种，常见的组合体则是两种方式的组合。叠加型主要由几个基本形体叠加而成，如图 5-3 所示，形体 1 叠加在形体 2 之上。切割型可看做是从较大的形体中挖出或切去较小基本形体，如图5-2所示。

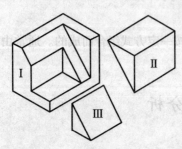

图5-2　切割体

2. 组合体的表面连接关系

（1）不平齐。当两个形体的两表面不平齐时，两形体之间存在界面，视图中应画出分界线。如图 5-3a 所示的组合体，形体 1 和形体 2 的前表面不平齐，即平面 1 和平面 2 不共面，画图时，中间有分界线。

（2）平齐。当两个形体的两表面平齐时，两形体之间无界线，视图中不应再画分界线。如图 5-3b 所示的组合体，形体 1 和形体 2 的前表面平齐，即平面 1 和平面 2 共面，画图时，中间无分界线。

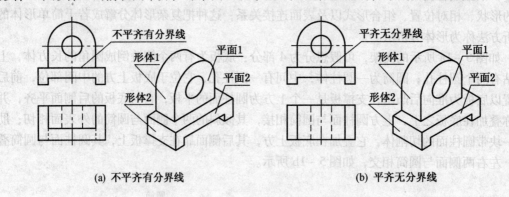

（a）不平齐有分界线　　　　　　　　　（b）平齐无分界线

图5-3　形体表面平齐和不平齐时的投影

（3）相切。当两形体表面相切时，相切处两表面光滑过渡，无界线，在该处不应画线，如图 5-4 所示。

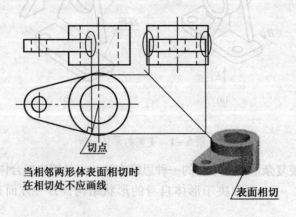

切点

当相邻两形体表面相切时
在相切处不应画线

表面相切

图5-4　形体表面相切时的投影

（4）相交。当两形体表面相交时，相交处有交线，交线是两形体表面的分界线（即相贯线），视图中在该处应画出交线。图5-5a所示耳板的前后表面与圆柱面相交，在相交处形成的交线为直线 AB；图5-5b所示的正四棱柱与半圆柱外表面、两孔内表面分别相交，均有交线。

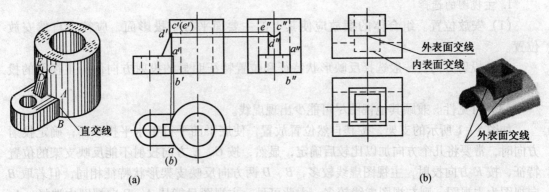

图5-5 形体表面相交时的投影

上述4种形体间的表面连接关系及画法，适用于叠加型组合体和切割体。如图5-6所示的切割体，由读者自行分析。

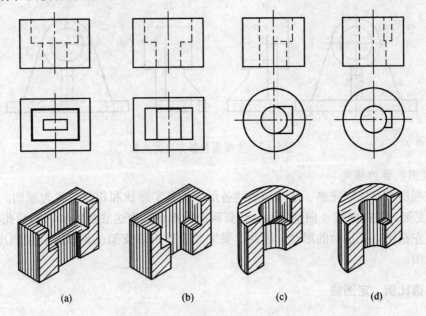

图5-6 切割体表面连接关系及画法

第二节　组合体三视图的画法

一、形体分析

如图5-1a所示的支架，分解为图5-1b所示的4个部分。支撑板的两个侧面与圆筒相切，肋与圆筒相交，支撑板与肋叠加在底板上。

二、视图选择

在组合体的三视图中，主视图是主要视图，选择时应考虑下面几个因素。

1. 主视图的选择

（1）安放位置。组合体的摆放应使其上的主要面平行于投影面，应符合自然安放位置。

（2）投射方向。一般选择反映形状特征和位置特征明显的投射方向作为主视图的投影方向。

（3）可见性。兼顾其他视图尽可能少出现虚线。

如图 5-1 所示的支架，按其自然位置放置，使底平面平行于水平投影面；确定投射方向时，常要将几个方向加以比较后确定，显然，按 C、E 方向投射不能反映支架的位置特征，按 F 方向投射，主视图虚线较多，B、D 两方向反映支架形状特征相同，但若取 B 向视图为主视图，则左视图虚线较多，由此可见，主视图只能从 A、D 向视图中选择。A、D 向比较，在表达形体特征方面各有特点，从对称性考虑，这里选用 A 向作主视图投射方向，如图 5-7 所示。

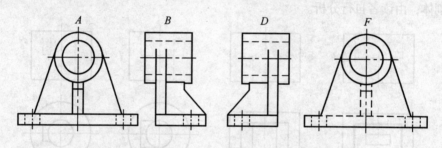

图 5-7　主视图投影方向的比较

2. 视图数目的确定

确定视图数目应以完整、清晰地表达各形体的真实形状和相对位置为原则。如图 5-1 所示的支架，主视图按 A 向确定后，还要画出俯视图以表达底板的形状和两孔的中心位置，画出左视图以表达肋的形状，因此，要完整表达出该支架的形状，必须画出主、俯、左 3 个视图。

三、选比例、定图幅

根据组合体的复杂程度和尺寸大小，应选择国家标准规定的图幅和比例。在选择时，应充分考虑到视图、尺寸及标题栏的大小和位置等。

四、布置视图，画出作图基准线

布图时，应根据各视图每个方向的最大尺寸和视图之间留出标注尺寸的位置，使视图布局合理，排列匀称，并在图面上画出各视图的作图基准线。作图基准线一般为底面、对称面、重要端面、重要轴线等，如图 5-8a 所示。

五、绘图步骤（画各视图的底稿）

作图步骤如图5－8b～图5－8g所示。

为了正确而迅速画出组合体视图，画底稿图时应注意以下几点：

（1）绘图时，不应绘完整个形体的一个视图后再画另一个视图，而应采用形体分析法，按先主后次，先大后小，先外后里的顺序，逐个画出各基本形体的三视图。

（2）画每一个基本形体时，先画特征视图，后画一般视图，三个视图配合进行。这样，不但化难为易，提高作图速度，而且可以少出差错。

（3）应从整体概念出发，处理各形体之间表面连接方式和衔接处图线的变化。

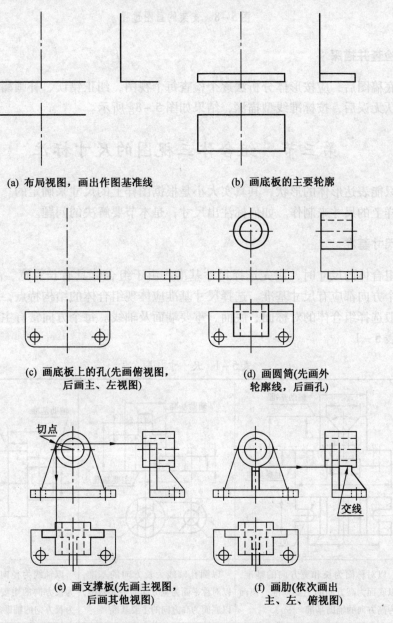

(a) 布局视图，画出作图基准线   (b) 画底板的主要轮廓

(c) 画底板上的孔(先画俯视图，   (d) 画圆筒(先画外
　　后画主、左视图)   轮廓线，后画孔)

(e) 画支撑板(先画主视图，   (f) 画肋(依次画出
　　后画其他视图)   主、左、俯视图)

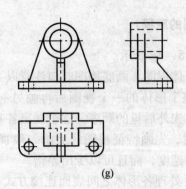

(g)

图5-8　支架的画图过程

六、检查并描深

完成底稿图后，应按形体分析法逐个检查每个视图，纠正错误、补画漏线、擦去多余图线。确认无误后，按标准线型描深，结果如图5-8g所示。

第三节　组合体三视图的尺寸标注

视图只能表达形体的形状，其真实大小是根据图样上的尺寸来确定的。加工零件时也是按照图样上的尺寸来制作。如何标注出尺寸，是本节要解决的问题。

一、尺寸基准

标注组合体的尺寸时，应先选择尺寸基准。由于组合体具有长、宽、高三个方向尺寸，在每个方向都应有尺寸基准。选择尺寸基准应体现组合体的结构特点，并使尺寸度量方便。一般选择组合体的对称面、底面、重要端面及轴线。每个方向常有主要基准和辅助基准，见表5-1。

表5-1　尺 寸 基 准

图例		
以对称面为长和宽方向的基准，以底面为高方向的主要基准，顶面为高方向的辅助基准	以圆孔轴线为长方向的基准，以对称平面为宽方向的主要基准，以底面为高方向的主要基准	以轴线为径向基准，以右端面为长方向的主要基准，以左端面为长方向的辅助基准

二、尺寸种类

（1）定形尺寸。确定组合体中各基本形体的大小尺寸。如图 5 – 9a 所示，底板、竖板和直角三角柱所注的尺寸。

（2）定位尺寸。确定各基本形体之间的相对位置尺寸。如图 5 – 9b 所示，尺寸 26 是确定竖板圆孔高度方向的定位尺寸，尺寸 40 和 23 确定底板上两个圆孔长和宽方向的定位尺寸，尺寸 14 确定两直角三角柱长方向的定位尺寸。

（3）总体尺寸。确定组合体外形的总长、总宽和总高尺寸。图 5 – 9c 中尺寸 54 和 30 是底板定形尺寸，也是总长、总览尺寸，尺寸 38 为总高尺寸。当注上总体尺寸后，重复的定形尺寸不必注出。

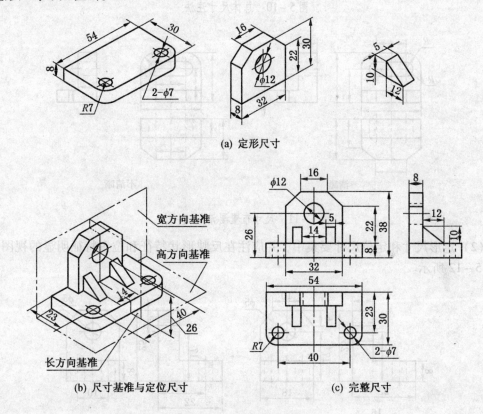

(a) 定形尺寸

(b) 尺寸基准与定位尺寸

(c) 完整尺寸

图 5 – 9 轴承座的尺寸分析

对于具有圆柱面的结构，为了明确圆弧中心位置和圆孔的确切位置，通常只注圆弧和圆孔的中心位置尺寸，而不直接注出总体尺寸，如图 5 – 10 所示。

三、尺寸标注的基本要求

正确——尺寸数值应正确无误，符合国标尺寸注法的规定。

完整——标注尺寸要完整，不允许遗漏，也不得重复。

清晰——尺寸布置应整齐清晰，便于看图。

（1）为使图形清晰，应尽量把尺寸标注在视图外面，相邻视图有关尺寸最好注在两个视图之间，如图 5 – 11 所示。

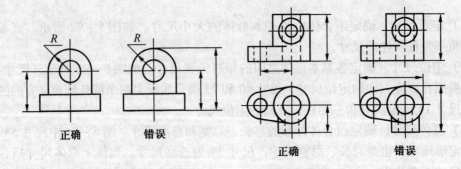

图 5 – 10　总体尺寸注法

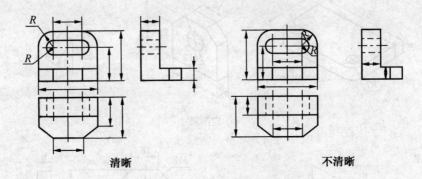

图 5 – 11　尺寸布置要清晰（一）

（2）定形尺寸和定位尺寸要集中，并应注在反映形状特征和位置特征明显的视图上，如图 5 – 12 所示。

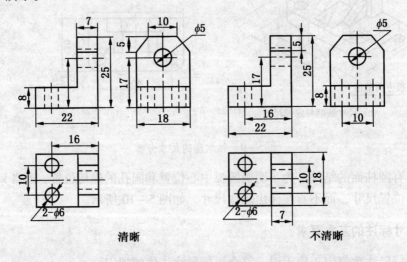

图 5 – 12　尺寸布置要清晰（二）

（3）圆柱和圆锥的直径，一般标注在非圆视图上，圆弧半径则应注在圆弧视图上，如图 5 – 13 所示。

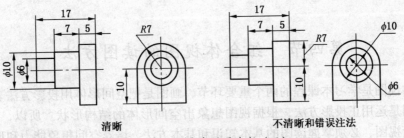

清晰　　　　　　　　　　　　　　不清晰和错误注法

图5-13　尺寸布置要清晰（三）

【例5-1】 如图5-14所示，根据组合体的三视图，标注尺寸。

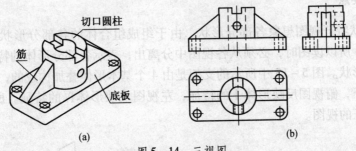

(a)　　　　　　　　　　　　　　(b)

图5-14　三视图

解　该形体的尺寸标注方法及结果见表5-2。

表5-2　组合体尺寸标注的步骤

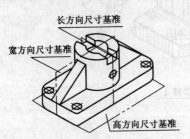

（a）选择尺寸基准。根据机件的结构特点，长方向以左右对称面、宽方向以前后对称面、高方向以底面为尺寸基准

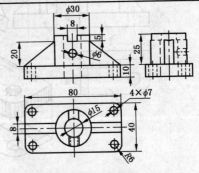

（b）分析形体。把机件分为底板、切口圆柱、两块筋4个部分。分别标注每部分的定形尺寸

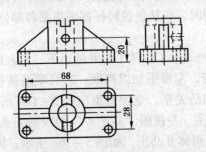

（c）以基准为起点，标注长、宽、高3个方向的定位尺寸

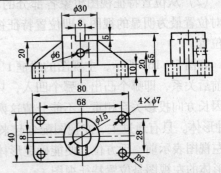

（d）标注总体尺寸。总长、总宽尺寸与底板的长、宽尺寸相同。调整、标注机件的完整尺寸

第四节　组合体视图的读图方法

画图和读图是学习本课程的两个重要环节，画图是把空间形体用投影方法表达在平面上。而读图是运用正投影方法，根据视图想象出空间形体的结构形状。所以，要能正确、迅速地读懂视图，必须掌握读图的基本知识和基本方法，培养空间想象能力和形体构思能力，并通过不断实践，逐步提高读图能力。

一、看图要点

（1）从形状特征视图想象各部分形状。由于组成组合体的各部分形状特征不一定集中在一个方向，所以读图时，必须从各视图中分离出，表示各部分形体的特征视图，以此想象该形体的形状。图5-15中所示的支架是由4个基本形体叠加构成的，主视图反映形体Ⅱ、Ⅲ的特征，俯视图反映形体Ⅰ的特征，左视图反映形体Ⅳ的特征。所以在看图时，要抓住反映特征的视图。

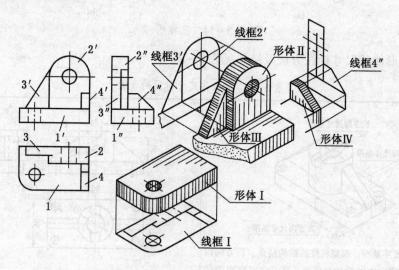

图5-15　从特征视图想象形体各部分形状

（2）从位置特征视图想象各部分的相对位置。在给定的三视图中，必有反映各部分相对位置最为明显的视图，即位置特征视图。看图时，应从位置特征视图想象各部分的相对位置。

如图5-16a所示，主视图的线框1′和2′清楚地表示了形体Ⅰ、Ⅱ的上下、左右位置，而前后关系，即哪个凸出，哪个凹入，只能通过俯、左视图加以判断。若只联系俯视图，则因长方向投影关系相重，不能分清这两部分的凹凸关系，至少想象出图5-16b所示的4种形体。只有通过主、左视图配合起来看，根据主、左视图"高平齐"的投影关系，以及左视图表示前、后方位，便能确定形体Ⅰ凹入，形体Ⅱ凸出，如图5-16c所示。因此，该形体的左视图是位置特征视图。

（3）将几个视图联系起来看。一般情况下，一个视图不能完全确定物体的形状。因此读图时，切忌只凭一个视图就臆造出物体形状，必须把所有视图配合起来分析、构思，才能想象出空间物体的结构形状，如图 5-16a 所示。

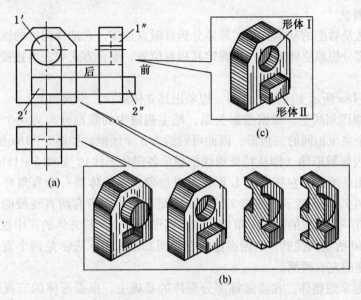

图 5-16 从位置特征视图想象形体各部分的相对位置

（4）借助视图中线段、线框的可见性，判断形体投影相重合的相对位置。当一个视图中有两个或两个以上的线框不能借助于"三等"关系和方位关系在其他视图找到确切对应位置时，应根据视图中线框和线段可见性加以判别，从而想象出各部分的相对位置。

如图 5-17a 所示，主视图的方形实线框 1′ 和圆形实线框 2′ 相切，通过俯视图、左视图仅能判断两线框分别为方孔和圆孔，不能分清其位置。借助于主视图可知，线框 1′ 表示方孔在前壁，线框 2′ 表示圆孔在后壁，线框 1′、2′ 才是可见的，如图 5-17b 所示。图 5-17c 所示的线框（2′）为虚线，则方孔在后壁，如图 5-17d 所示。

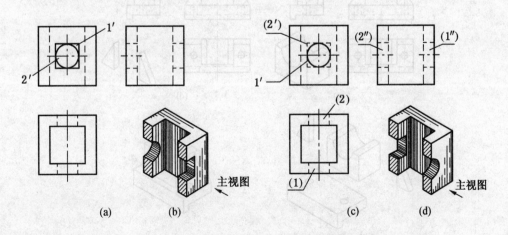

图 5-17 借助视图中线段和线框的可见性判断形体间的相对位置

二、看图的基本方法

1. 形体分析法

形体分析法是看图的基本方法。形体分析着眼点是体，它把视图中的线框分成几个部分，然后逐个部分想象立体形状，并确定其相对位置、组合方式和表面连接关系，从而想象出整体形状。

根据图 5-18a 所示支座的三视图，想象出其立体形状，步骤如下：

（1）分析视图划线框。根据投影关系，把主视图中的线框分离为 4 个部分。其中线框 3 为左右两个完全相同的三角形，因此可归纳为 3 个线框。如图 5-18a 所示。

（2）对照投影辨形体（即从特征形线框想象各部分形状）。如图 5-18b 所示，线框 1 的主、俯两视图是矩形，左视图是 L 形，可以想象出该形体是一个直角弯板，板上钻了两个圆孔；如图 5-18c 所示，线框 2 的俯视图是一个中间带有两直线段的矩形，其左视图是一个中间有一条虚线的矩形，可以想象出其形状是一个长方体的正中挖去了一个半圆槽；如图 5-18d 所示的线框 3 的俯视图、左视图都是矩形，表示是两个直角三角柱，对称地分布在支座的左右两侧。

（3）综合起来想整体。在读懂每部分形体的基础上，根据形体的三视图进一步研究它们之间的相对位置和连接关系，把各个形体逐渐归拢在一起，形成一个整体，如图 5-18e、图 5-18f 所示。

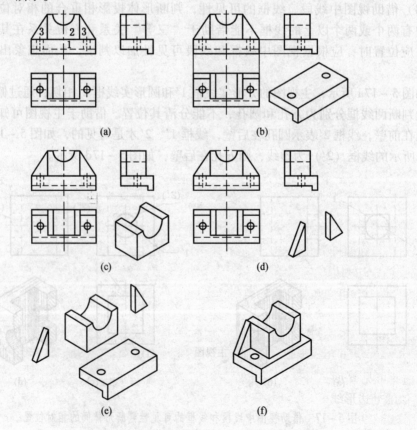

图 5-18　支座的读图方法——形体分析法

2. 线面分析法

当形体被多个平面切割、形体不规则或在某些形体的投影相重合时，应用形体分析法看图往往难以读懂。这时应采用线面分析法想象形体各表面形状和相对位置，并借助立体概念想象物体的形状。

线面分析法的着眼点是体上的面，把视图中的线框、线段对应关系想象为面，逐个线框、线段对投影，想象各表面形状、相对位置，并借助立体概念，想象出物体形状。

下面以图5-19a压块为例，说明线面分析的读图方法。

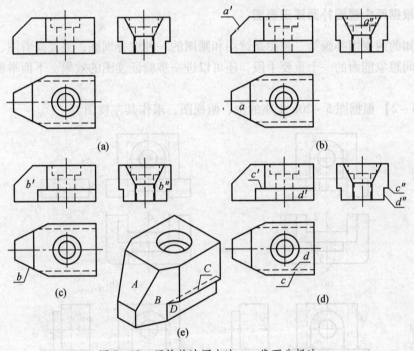

图5-19　压块的读图方法——线面分析法

（1）确定物体的整体形状。

根据图5-19a所示，从3个视图的外形看，压块的原形是一个长方体，通过不同的平面切割而成。

从主、俯视图上可以看出压块的偏右方从上向下挖去一阶梯孔；主视图的长方形缺一个角，说明在长方体的左上方切去一块；俯视图的长方形缺两个角，说明在长方体的左端切去两块；左视图也缺两个角，说明在长方体的前、后下方各切去一块。

（2）确定切割位置和面的形状。

由图5-19b可知，在俯视图中有梯形线框a，而在主视图中可找出它对应的斜线a'，由此可见A面是垂直于V面的梯形平面。A平面对V面和H面都处于倾斜位置，所以它们的侧面投影a″和水平投影a是类似形（梯形），不反映A面的真实形状。

由图5-19c可知，在主视图中有七边形线框b'，而在俯视图中可找出与它对应的斜线b，由此可见B面是铅垂面。平面B对V面和W面都处于倾斜位置，因而侧面投影b″也是类似的七边形线框。

由图5-19d可知，从主视图上的长方形线框d'入手，可找到面的3个投影。由俯视图的四边形线框 c 入手，可找到 C 面的三个投影。从投影图中可知 D 面是正平面，C 面为水平面。

（3）综合想象其整体形状。

搞清楚各截切面的空间位置和形状后，根据基本形体形状、各截切面与基本形体的相对位置，并进一步分析图中线、线框的含义，可以综合想象出整体形状，如图 5 – 18e 所示。

读组合体视图常常是两种方法并用，以形体分析法为主，线面分析法为辅。

三、根据两个视图补画第三视图

由已知的两视图补画第三视图是读图和画图的一种综合训练，是提高看图、绘图能力和培养空间想象能力的一个重要手段，还可以进一步验证读图的效果。下面举例说明其方法和步骤。

【例 5 – 2】根据图 5 – 20a 支座的主、俯视图，求作其左视图。

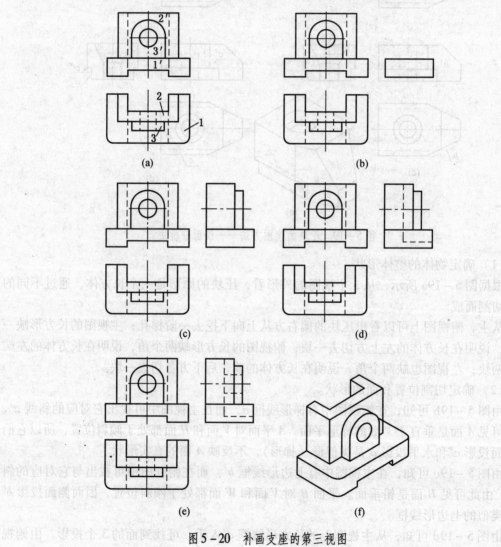

图 5 – 20 补画支座的第三视图

解 (1) 形体分析。在主视图上将支座分成 3 个线框，按投影关系找出各线框在俯视图上的对应投影：线框 1 是支座的底板，为长方形，其上有两处圆角，后侧有一个矩形缺口，底部有一通槽；线框 2 是个长方形竖板，其后侧自上而下开一通槽，通槽与底板后侧缺口尺寸一致；线框 3 是一个拱形柱（由半圆柱和四棱柱组成），其上有通孔。按其相对位置，想象出其形状，如图 5 - 20f 所示。

(2) 补画支座左视图。根据给出的两视图，可看出该形体是由底板、拱形柱和长方形竖板叠加后切去一通槽钻一个通孔而成的。具体作图步骤如图 5 - 20b ~ 图 5 - 20e 所示。最后描深，完成全图。

第六章 机件的表达方法

在工程实际中机件的形状千差万别，当机件的结构和形状比较复杂时，仅用前面所介绍的三视图难以将它们的内、外结构表达清楚。为此，国家标准《机械制图》规定了机械图样的各种表达方法。本章将重点介绍这些规定画法中视图、剖视、断面和简化画法，以供绘图时选用。

第一节 视 图

视图主要用于表达机件的外部形状。常用的视图有：基本视图、向视图、局部视图和斜视图。

一、基本视图

为了清楚地表达机件的结构形状，可在原有的 3 个投影面（V 面、H 面、W 面）的基础上再增设 3 个投影面（前立面、顶面、左侧立面），构成一个六面体，如图 6－1a 所示。这 6 个投影面称为基本投影面。

将机件放在相互垂直的六个基本投影面组成的体系内投射，在 6 个基本投影面上得到相应的投影，即 6 个视图。除主、俯、左视图外，从右向左投射得到右视图，从下向上投射得到仰视图，从后向前投射得到后视图。这种把机件向基本投影面投射所得的视图，称为基本视图，如图 6－1b 所示。6 个投影面的展开方法如图 6－1c 所示，展开后的视图配置如图 6－1d 所示。

在同一张图纸中，6 个基本视图按图 6－1d 配置时一律不注视图名称。6 个视图的投影对应关系如下：

（1）度量对应关系。视图之间仍然保持"长对正，高平齐，宽相等"的三等关系，即主、俯、仰、后视图等长，主、左、右、后视图等高，仰、俯、左、右视图等宽。

（2）方位对应关系。除后视图外，其他视图远离主视图的一侧，均表示机件的前方，靠近主视图的一侧，均表示机件的后方。

画图时，不是任何机件都需画 6 个基本视图。根据机件结构的特点和复杂程度，在考虑看图方便，并能完整、清晰地表达机件各部分形状的前提下，来确定视图的数量，应力求简练，但其中必定有一个主视图。

二、向视图

向视图是可以自由配置的视图，根据需要将某个方向的视图配置在图纸的任何位置上。表达时，在视图上方用大写的拉丁字母标出视图的名称"×"，在相应视图附近用箭头指明投射方向，并注上同样的字母。表示投射方向的箭头应尽可能配置在主视图上，只有表示后视图的投射方向的箭头才标注在左、右视图上，如图6-2所示。

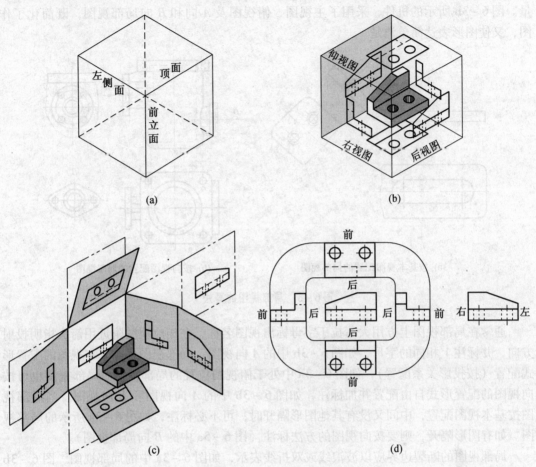

图6-1 6个基本视图的形成

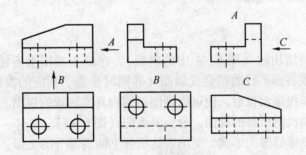

图6-2 向视图的标注

三、局部视图

局部视图是将机件的某一部分向基本投影面投射所得的视图，称为局部视图。局部视图是一个不完整的基本视图，利用局部视图可减少视图的数量。当机件某一局部形状没有表达清楚，而又没有必要用一完整基本视图表达时，可单独将这一部分向基本投影面投影，从而避免了另一部分的重复表达。这样既突出了要表达的结构，也减少了绘图工作量。图6-3b所示的机件，采用了主视图、俯视图及 A 向和 B 向局部视图，既简化了作图，又使图形表达简单清楚。

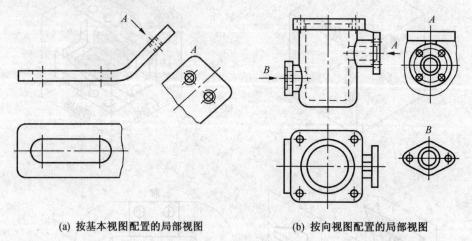

(a) 按基本视图配置的局部视图　　　　(b) 按向视图配置的局部视图

图6-3　局部视图的画法

通常在局部视图上方用大写拉丁字母标出视图名称，在相应视图附近用箭头指明投射方向，并标注上相同的字母，如图6-3b中的 A 向视图。局部视图可按基本视图的配置形式配置（按投影关系配置），如图6-3a中处于俯视图位置的局部视图。局部视图也可按向视图的配置形式自由配置并加标注，如图6-3b中的 A 向视图和 B 向视图。当局部视图按基本视图配置，中间又没有其他图形隔开时，可不必标注，如图6-3a所示的局部视图。如有图形隔开，则要按向视图的方法标注（图6-5a中的 B 向局部视图）。

局部视图的断裂边界应以波浪线或双折线表示，如图6-3a中的局部视图、图6-3b中的 A 向局部视图。当表示的局部结构外轮廓线呈完整的封闭图形时，波浪线可省略不画，如图6-3b中的 B 向视图。

四、斜视图

当机件具有倾斜结构时（图6-4中的斜板），在基本视图上不能反映其真实形状，这时可设置一个与倾斜面平行的辅助投影面（并同时垂直于相应的投影面，垂直 V 面），然后将倾斜结构向新投影面投射，便可得到倾斜结构真实形状的视图。这种将机件向不平行于任何基本投影面投射所得的视图，称为斜视图（图6-4）。

斜视图一般常画成局部的形式，突出表达机件上倾斜部分的实形，断裂边界用波浪线或双折线表示，如图6-5所示。当倾斜结构自成封闭图形时，不必再画波浪线或双折线。

斜视图一般按向视图的配置形式配置和标注，也可按投影关系配置（配置在箭头所指方向，保持直接的投影对应关系），如图6-5a所示。也可以将斜视图配置在其他适当位置，如图6-5b所示。为绘图简便，斜视图允许旋转放正，旋转配置的斜视图名称要加注旋转符号，并且表示该视图名称的大写拉丁字母要放在靠近旋转符号的箭头端，如图6-5c所示。旋转符号表示的旋转方向应与图形的旋转方向相同。也允许将旋转角度注写在字母之后，如图6-5d所示。旋转符号的尺寸和比例如图6-6所示。

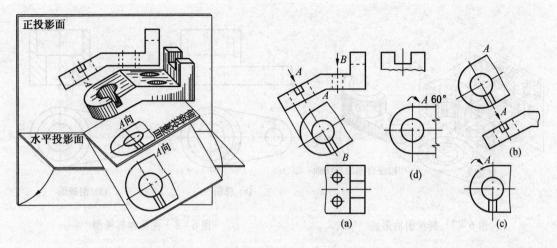

图6-4　斜视图的形成　　　　　图6-5　斜视图的画法

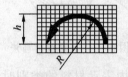

$h=$ 符号与字体高度，$h=R$；

符号笔画宽度 $=\dfrac{1}{10}h$ 或 $\dfrac{1}{14}h$

图6-6　旋转符号的尺寸和比例

第二节　剖　视　图

当机件内部比较复杂时，视图中出现较多虚线，这些虚线与实线在图上交错重叠就会影响图形的清晰性，不便于看图，也不利于标注尺寸。因此，为了清楚地表达机件的内部形状，国标规定了剖视图的画法。

一、剖视图的概念和画法

1. 剖视图的概念

假想用剖切面（平面或柱面）剖开机件，将处在观察者与剖切面之间的部分移开，余下部分向投影面投射得到剖开后的图形，并在剖切面与机件接触的断面区域内画上剖面符号（剖面线），这样绘制的视图称为剖视图（简称剖视），如图6-7所示。应用剖视图能把机件内部的不可见轮廓转化为可见轮廓表达，可减少虚线，更明显地反映机件结构形状空与实的关系，如图6-8b所示。

2. 剖面线

在剖切面与机件接触的断面处画上剖面线，借此明确地表达机件结构形状空与实的关系。剖面线用细实线绘制，一般画成与断面外轮廓线或剖面区域的对称线成适宜的角度（参考角度为45°），如图6-9所示。

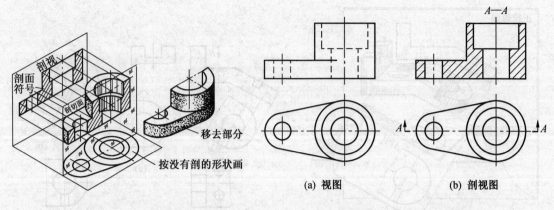

图 6-7 剖视图的形成

(a) 视图   (b) 剖视图

图 6-8 视图和剖视图

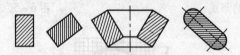

图 6-9 剖面线的画法

当机械图样上需要在剖面区域内表示材料的类别时，可按国家标准《机械制图剖面符号》中的规定绘制，见表 6-1。

表 6-1 常用材料的剖面符号

材　料	剖面符号	材　料	剖面符号
金属材料		玻璃及其他透明材料	
非金属材料		液体	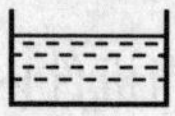
粉末冶金、砂轮、陶瓷刀片、硬质合金刀片等	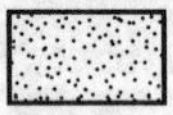	木材（横剖面）	

3. 画剖视图时应注意的几个问题

（1）剖切面一般选用投影面平行面。为了使剖切后画出的图形能确切表达机件内部的真实形状，剖切面一般应通过机件的对称面和孔的轴线。

（2）剖视图是假想切开机件画出的，其他视图必须按原来的整体形状画出，如图 6-8b 中的俯视图。

（3）剖切面后面的可见轮廓线应全部画出，不应漏画线或多画线，如图 6-10 所示剖视图的正误画法。剖视图中一般不画虚线，只有当需要在剖视图上表达这些结构时才画出必要的虚线。

（4）根据需要可同时将几个视图画成剖视图，它们之间彼此独立，互不影响，各有所用。

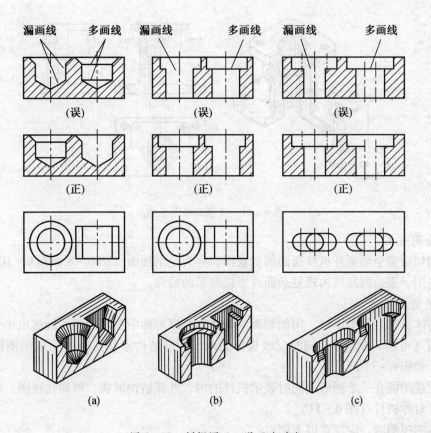

图 6-10　剖视图正、误画法对比

4. 剖视图的标注

为了便于看图，在画剖视图时，应将剖切位置、剖切后的投射方向和剖视图名称标注在相应的视图上。标注的内容有以下 3 项（图 6-8b）：

（1）剖切符号。表示剖切面的位置。在剖切面的起、迄和转折处画上短画粗实线，尽可能不与图形的轮廓线相交；剖切面的位置也可用剖切线（点划线）表示。

（2）投射方向。在剖切符号的两端外侧用箭头指明剖切后的投射方向。

（3）剖视图名称。在剖视图的上方用大写字母标注剖视图的名称"×—×"，并在剖切符号一侧注上相同的字母。

国家标准规定在下列情况下可省略或简化标注：

（1）当剖视图按投影关系配置，且中间没有其他图形隔开时，可以省略箭头，如图 6-11 中的 *A—A* 剖视。

（2）当单一剖切平面通过机件的对称平面或基本对称的平面，且剖视图按投影关系配置，中间没有其他图形隔开时，可以省略标注，如图 6-8b 中的剖视图可不加任何标注。

二、剖视图的分类

根据图面的表现形式，剖视图可分为全剖视图、半剖视图和局部剖视图。

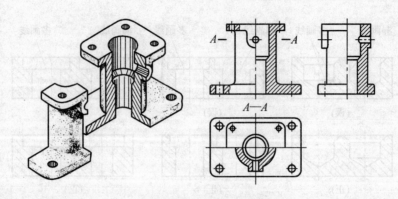

图 6-11　支架的半剖视图

1. 全剖视图

用剖切面完全地剖开机件所画的剖视图，称为全剖视图（图 6-8 和图 6-10）。全剖视图主要用于表达内部结构较复杂而外形较简单的机件。

2. 半剖视图

当物体具有对称平面时，用剖切面剖开物体后以对称中心线为界，画成由半个剖视和半个视图（可在一个图形上同时反映机件的内、外部结构形状）合并而成的图形称为半剖视图，如图 6-11 所示。

半剖视图能在一个图形上同时表示机件的内、外部结构形状，可简化视图。半剖视图主要用于对称机件（图 6-11）。

画半剖视图时，应注意以下两点：

（1）一半视图与一半剖视图的分界线应是点画线，不能画成实线。如果机件的对称中心正好有一轮廓线，则此机件不适合使用半剖视图。

（2）由于图形对称，机件的内部形状已由半个剖视图表达清楚，因此在半个视图上，虚线可省略不画（图 6-11）。

半剖视图的标注方法与单一全剖视图相同（图 6-11）。

3. 局部剖视图

用剖切面局部地剖开机件所画的剖视图称为局部剖视图，如图 6-12 所示。

局部剖视图一般以波浪线或双折线作为被剖开部分与未剖开部分的分界，并且不能与其他图线重合，不能超出机件的轮廓线，也不能穿空而过。

局部剖视图一般适用于下列情况：

（1）只需要表达机件上局部结构的内部形状，不必或不宜采用全剖视图时，如图 6-12 所示。

（2）对称的机件，而其图形的对称中心线正好与轮廓线重合而不宜采用半剖视图时，如图 6-13 所示。

（3）不对称机件既需表达内形又需保留外形时。

位置明显的单一剖切平面剖切后画的局部剖视图，可省略标注，如图 6-12 和图 6-13 所示。

局部剖视图是一种比较灵活的表达方法，剖切范围可大可小。正确选用局部剖视可使表达简练、清晰，但在一个视图中不宜使用过多的局部剖视，以免图形过于零碎。

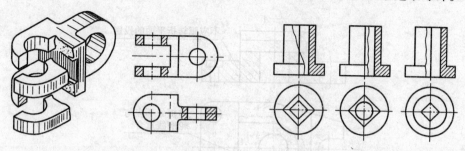

图6-12　局部剖视图　　　　　　　　图6-13　局部剖视图示实例

三、剖切面和剖切方法

根据机件结构形状的特点，用来假想剖切机件的剖切面有：单一剖切面、几个平行的剖切面、几个相交的剖切面。用这些剖切面剖开机件，便产生了相应的剖切方法。

1. 单一剖切面

用一个剖切面剖开机件后画剖视图，如图6-7~图6-13所示。单一剖切面与基本投影面平行。剖切面一般是平面，根据被剖切机件的形状需要，剖切面亦可以是曲面。

2. 几个平行的剖切平面

用两个或多个平行的剖切平面剖开机件后画剖视图，如图6-14所示。机件各孔的轴线分布在不同的平面上，若只用一个剖切面不可能把各孔的内部结构显示出来，为此，用3个相互平行的剖切平面（平行于基本投影面）剖切机件。

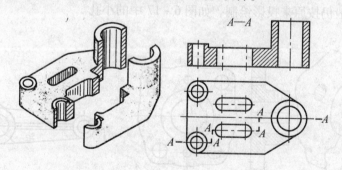

图6-14　几个平行的剖切平面获得的剖视图

从剖视图本身看不出是几个面剖切的，应从剖视图的标注去分析。

采用这种方法画图时须注意：

（1）两个剖切平面的转折处转折平面的投影不应画出，如图6-15所示。

（2）相互平行的剖切平面不能相互遮挡。

（3）剖切平面的转折处不应与视图中的轮廓线重合，应尽量避免相交，如图6-15所示。

（4）剖视图的标注。在剖切平面的起、迄和转折处，要用相同字母及剖切符号表示剖切位置,并在相应的剖视图上方标出"×—×",如图6-14所示。

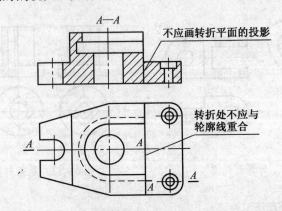

图6-15　几个平行的剖切平面获得的剖视图错误的画法

3. 几个相交的剖切平面

用几个相交的剖切面(其交线垂直于某一投影面)剖开机件后画剖视图。如图6-16所示的机件,若采用单一剖切面能把中间部分的轴孔和上方的小孔表达清楚,但机件底板上的4个圆柱孔尚未表示出来。为了在主视图上同时表达机件的这些结构,要有用两个相交的剖切平面剖开机件,如图6-16a所示。

画图时应注意以下几个问题:

(1)采用这种方法画剖视图时,为使剖开的倾斜于选定投影面的结构在图上反映实形,便以相交两剖切面的交线作为轴线,假想将倾斜剖切面剖开的结构及有关部分绕轴线旋转到与选定的投影面平行再进行投射,如图6-16中的A-A剖面图所示。剖切平面后方的其他结构一般仍按原来投影绘制,如图6-17中的小孔。

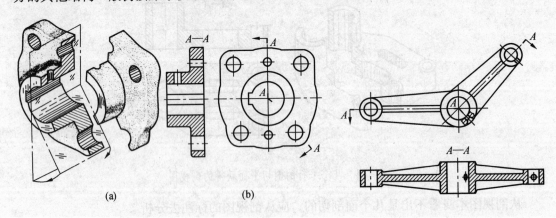

(a)　　　　(b)

图6-16　相交的剖切平面获得的剖视图　　　图6-17　剖切平面后方其他结构的处理

(2)当剖切后产生不完整要素时,应将此部分按不剖绘制,如图6-18中的臂。

(3)剖视图的标注。字母的剖切符号表示出剖切面的起、讫和转折位置以及投射方向(剖切符号端部的箭头表示剖切后的投射方向而不是旋转方向),注出剖视图的名称,如图6-16~图6-18所示。

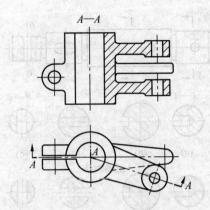

图 6-18 剖切后产生不完整要素的处理

第三节 断 面 图

一、断面图的概念

假想用剖切面将机件某处切断，仅画出该剖切面与机件接触部分的图形，并画上剖面线，称为断面图，简称断面，如图 6-19 所示。

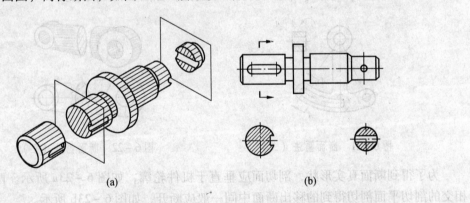

(a)   (b)

图 6-19 断面图

断面图常用于表达机件上某一部分的断面形状。如机件上的肋、轮辐、键槽、小孔、杆件的断面形状等。

二、断面图的分类

断面图可分为移出断面图和重合断面图。

1. 移出断面图

移出断面图的图形画在视图之外，轮廓线用粗实线绘制，一般配置在剖切线的延长线上，如图 6-19b 所示。

移出断面图还可配置在其他适当位置，如图 6-20a 和图 6-20d 所示。在不致引起误解时，允许将断面图旋转，其画法和标注形式如图 6-21 所示。

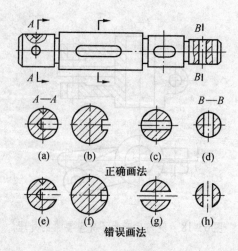

图 6 – 20 断面画法（一）

当剖切平面通过回转体形成的孔或凹坑的轴线时，这些结构的断面图应按剖视的规则绘制，如图 6 – 19b、图 6 – 20a 和图 6 – 20d 所示。

因剖切面通过非圆孔，使断面图变成完全分离的两图形时，则该结构亦按剖视处理，如图 6 – 20c 所示。

若断面图的图形对称时，可画在视图中断处，如图 6 – 22 所示。

图 6 – 21 断面画法（二）　　　　图 6 – 22 断面画法（三）

为了得到断面真实形状，剖切面应垂直于机件轮廓，如图 6 – 23a 所示。两个或多个相交的剖切平面剖切得到的移出断面中间一般应断开，如图 6 – 23b 所示。

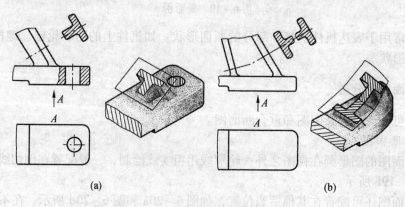

图 6 – 23 断面画法（四）

2. 重合断面

画在视图之内的断面图，称为重合断面，断面的轮廓线用细实线绘制，如图6－24和图6－25所示。

当视图中的可见轮廓线与重合断面图的图形重叠时，视图中的轮廓线仍应继续画出，不可间断，如图6－25所示。重合断面适合于不影响图形清晰的场合。

 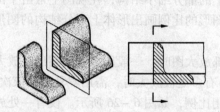

图6－24 重合断面（一）　　　　图6－25 重合断面（二）

三、断面图的标注

断面图的标注见表6－2。

表6－2 断面图的标注

剖面位置	断面形状及标注	
	不对称的移出断面和重合断面	对称的移出断面和重合断面
不画在剖切符号的延长线上	标注剖切符号、箭头、字母	省略箭头
不画在剖切符号的延长线上（按投影关系配置）	省略箭头	省略箭头
画在剖切符号的延长线上	省略字母	省略标注箭头、字母（移出断面图用细点画线代替剖切符号）

第四节　其他表达方法

一、局部放大图

机件上的部分细小结构，在视图上常由于图形过小而表达不清，且不便于标注尺寸。用大于原图形的比例画出形体上部分结构的图形，称局部放大图，如图6－26所示的Ⅰ、Ⅱ两处。

画局部放大图时，一般用细实线圈出被放大部位（见图6－26和图6－27中的圆圈或长圆圈）。有多处被放大时，需用罗马数字依次标明，并在局部放大图上方注出相应罗马数字及所用比例，如图6－26所示。仅有一处放大时，只需标注比例，如图6－27所示。

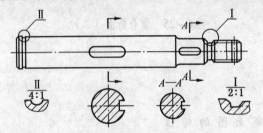 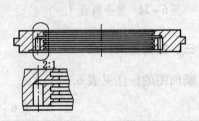

图6-26　有几个被放大部分的
局部放大图画法

图6-27　仅有一个被放大部分的
局部放大图画法

局部放大图可画成视图、剖视图或断面图，视需要而定，与被放大部位原来的画法无关。

二、简化画法

在不影响完整清晰地表达机件的前提下，为了画图简便起见，国家标准统一规定了一些简化表示法，这些都是在生产实践中行之有效的画法。下面介绍几种常用的简化画法。

1. 机件上的肋板与轮辐等的画法

（1）对于肋、轮辐及薄壁结构，如按纵向剖切，通常按不剖绘制（不画剖面符号），用粗实线将它与其邻接部分分开，如图6－28所示左视图上的肋和图6－29所示的轮辐。

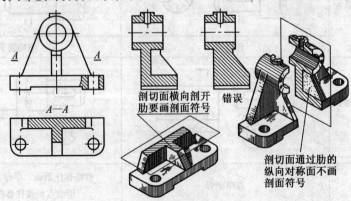

图6-28　肋的画法

（2）当回转体上均布的肋、轮辐、孔等结构没有处在剖切平面上时，可将这些结构假想旋转到剖切平面上画出，如图 6-30a 所示的肋及图 6-30b 所示左边的孔。

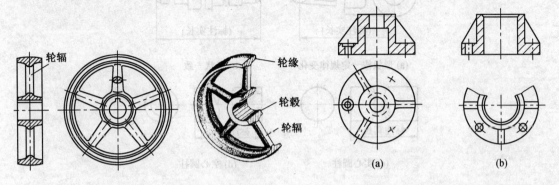

图 6-29　轮辐的画法　　　　　　　　　　　图 6-30　均布孔和肋的画法

2. 相同结构要素的省略画法

零件上成规律分布的重复结构，允许只画出其中的一个或几个完整的结构，并反映其分布情况。

（1）对称的重复结构用细点画线表示各对称结构要素的位置，如图 6-31 所示。

（2）不对称的重复结构（齿、槽等）时，用相连的细实线相连，并代替这些结构，如图 6-32 所示。

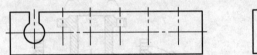　　　　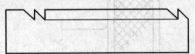

图 6-31　对称的重复结构的画法　　　　图 6-32　不对称的重复结构的画法

3. 平面表示法

当图形不能充分表达平面时，可用平面符号（相交的两条细实线）表示，如图 6-33 所示。

4. 对称图形的画法

在不致引起误解时，对称机件的视图可只画一半或四分之一，并在对称中心线的两端画出两条与其垂直的平行细实线（图 6-34）。

图 6-33　平面表示法　　　　　　　　图 6-34　对称图形的画法

5. 折断画法

当机件较长（轴、杆、型材、连杆等），沿长度方向的形状一致或按一定规律变化时，可断开后缩短绘出，但尺寸仍按实长标注（图 6-35）。

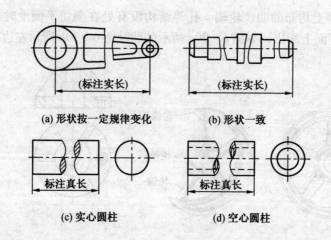

(a) 形状按一定规律变化   (b) 形状一致

(c) 实心圆柱   (d) 空心圆柱

图 6-35 折断画法

6. 机件上的网状结构

滚花、槽沟等网状结构应用粗实线完全或部分地表示出来，如图 6-36 所示。

7. 圆柱形法兰盘上均布孔的画法

圆柱形法兰和类似机件上均布的孔，可按图 6-37 所示方法绘制（由机件外向该法兰端面方向投射）。

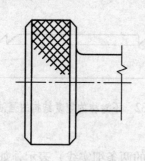

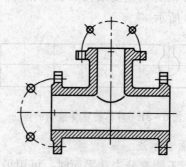

图 6-36 网状结构的画法   图 6-37 圆柱形法兰盘上均布孔的画法

第七章　标准件和常用件

在机器上常见到一些通用零件，如滚动轴承、螺纹连接件、键、销等，由于用量大、应用范围广，结构和尺寸均已完全标准化，称为标准件。还经常使用齿轮、弹簧等零件，这类零件的部分结构和参数也已标准化，称为常用件。

本章主要介绍标准件和常用件的有关基本知识、规定画法、标注方法等内容。

第一节　螺　　纹

一、螺纹的形成

螺纹是按照螺旋线的原理形成的。在圆柱（或圆锥）外表面上形成的螺纹称外螺纹，在圆柱（或圆锥）内表面上形成的螺纹称内螺纹。螺纹的加工方法很多，如图7-1所示为常见的螺纹加工方法。

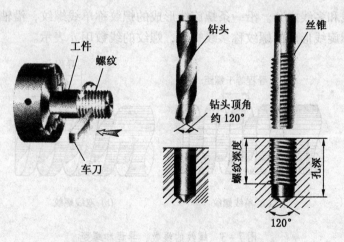

(a) 车削外螺纹　　　　(b) 加工内螺纹

图7-1　螺纹的加工方法

二、螺纹的基本要素

1. 牙型

沿螺纹轴线剖切的断面轮廓形状称为螺纹的牙型。牙型不同的螺纹，其用途也各不相同。常见螺纹的牙型有三角形、梯形、锯齿形、矩形等，图7-2中螺纹的牙型为三角形。

2. 直径

螺纹的直径有大径（d、D）、中径（d_2、D_2）和小径（d_1、D_1）之分，外螺纹用相应的小写字母表示，内螺纹用相应的大写字母表示，如图7-2所示。

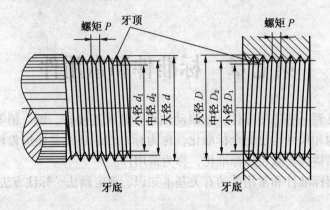

图7-2　螺纹的基本要素

（1）大径。螺纹大径是与外螺纹牙顶或内螺纹牙底相重合的假想圆柱面的直径。

（2）小径。螺纹小径是与外螺纹牙底或内螺纹牙顶相重合的假想圆柱面的直径。

（3）中径。螺纹中径是指通过牙型上凸起和沟槽宽度相等处的一个假想圆柱面的直径。

螺纹的公称直径为大径，是代表螺纹尺寸的直径。

3. 线数

螺纹有单线和多线之分。沿一条螺旋线形成的螺纹称单线螺纹，沿轴向等距分布的两条或两条以上螺旋线形成的螺纹称多线螺纹，螺纹的线数用 n 表示。

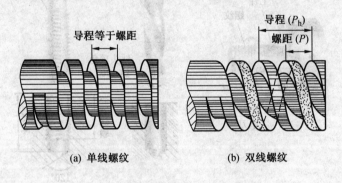

(a) 单线螺纹　　　　　　(b) 双线螺纹

图7-3　螺纹的线数、导程和螺距

4. 螺距和导程

螺距是指相邻两牙在中径线上对应两点间的轴向距离，用 P 表示。导程是指在同一条螺旋线上，相邻两牙在中径线上对应两点间的轴向距离，用 P_h 表示，如图7-3所示。线数 n、螺距 P 和导程 P_h 之间的关系为 $P_h = nP$。

5. 旋向

按螺纹绕行方向的不同，螺纹的旋向可分为右旋和左旋两种。顺时针旋转时，旋入的螺纹为右旋螺纹，逆时针旋转时，旋入的螺纹为左旋螺纹。判定方法如图7-4所示。

只有以上5个要素都相同的内外螺纹才能旋合在一起。在工程上，右旋螺纹用途最广。

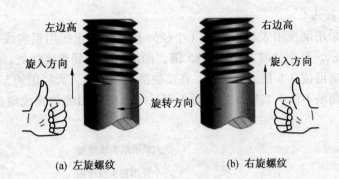

(a) 左旋螺纹   (b) 右旋螺纹

图 7-4 螺纹的旋向

国家标准对螺纹的牙型、大径和螺距做了统一规定。这三项要素均符合国家标准的螺纹称为标准螺纹；凡牙型不符合国家标准的螺纹称为非标准螺纹；只有牙型符合国家标准的螺纹称为特殊螺纹。

三、螺纹的规定画法

螺纹的真实投影较复杂，通常没有必要画出其真实投影。为简化作图，机械制图国家标准制定了规定画法。

1. 外螺纹的画法

外螺纹的牙顶（大径）用粗实线表示，牙底（小径）用细实线表示。螺纹小径按大径的 0.85 倍绘制。在不反映圆的视图中，牙底的细实线应画入倒角内，螺纹终止线用粗实线表示。在反映圆的视图中，表示小径的细实线圆只画约 3/4 圈，倒角圆省略不画，如图 7-5 所示。

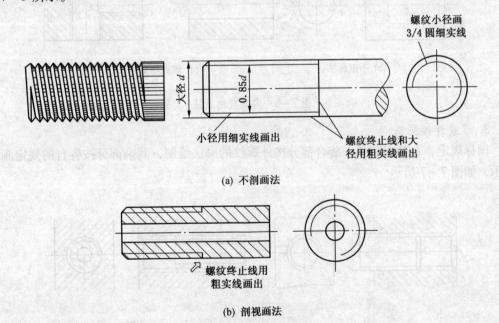

(a) 不剖画法

(b) 剖视画法

图 7-5 外螺纹画法

2. 内螺纹的画法

内螺纹通常采用剖视图表达，牙顶（小径）和螺纹终止线用粗实线表示，牙底（大径）用细实线表示，且小径取大径的 0.85 倍，剖面线应画到粗实线处；若是盲孔，终止线到孔末端的距离可按 0.5 倍大径绘制；在反映圆的视图中，大径用约 3/4 圈的细实线圆弧绘制，孔口倒角圆不画。当螺纹的投影不可见时，所有图线均画成细虚线，如图 7－6 所示。

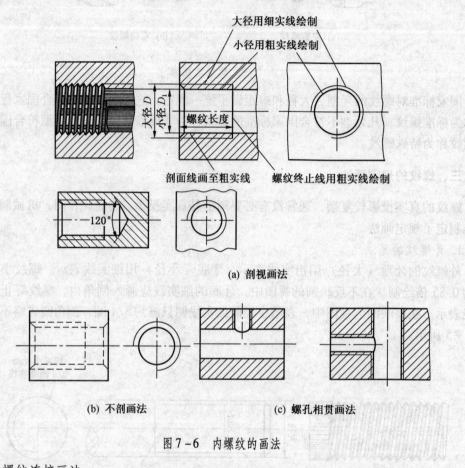

(a) 剖视画法

(b) 不剖画法　　　　　　　　(c) 螺孔相贯画法

图 7-6　内螺纹的画法

3. 螺纹连接画法

国标规定，在剖视图中，旋合部分按外螺纹的画法绘制，其余部分按各自的规定画法表示，如图 7－7 所示。

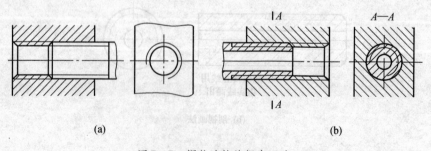

(a)　　　　　　　　　　　　　　(b)

图 7-7　螺纹连接的规定画法

　　画图时必须注意：表示内、外螺纹大径的细实线和粗实线，以及表示内、外螺纹小径的粗实线和细实线应分别对齐；在剖切平面通过螺纹轴线的剖视图中，实心螺杆按不剖绘制。

四、螺纹的标注

螺纹的标注见表 7-1。

表 7-1　常用标准螺纹的种类、牙型与标注

螺纹类型		特征代号	牙型略图	标注示例	说　明
连接紧固用螺纹	粗牙普通螺纹	M	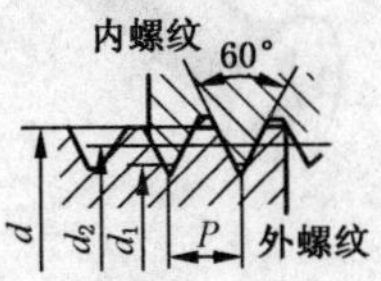	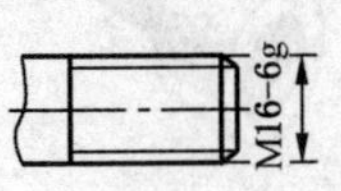 M16-6g	粗牙普通螺纹，公称直径16 mm，中径公差带和顶径公差带均为6 g。中等旋合长度，右旋
	细牙普通螺纹		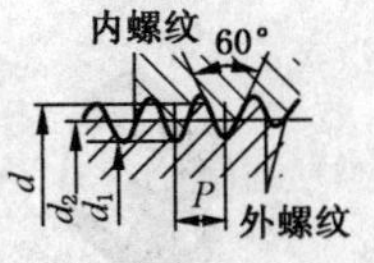	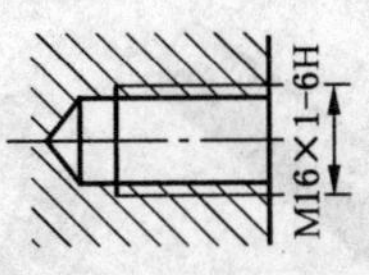 M16×1-6H	细牙普通螺纹，公称直径16 mm，螺距1 mm，右旋。中径公差带和顶径公差带均为6H，中等旋合长度
管螺纹	55°非密封管螺纹	G	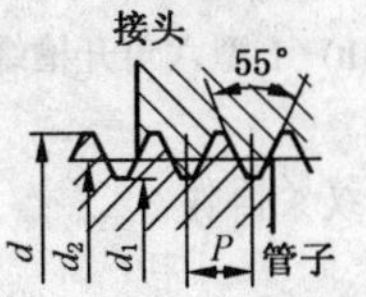	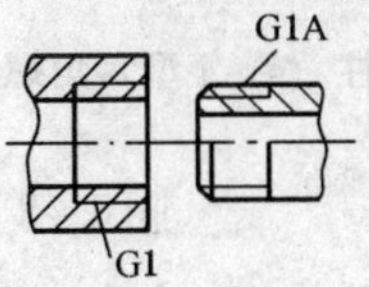 G1A　G1	55°非密封管螺纹 G—螺纹特征代号 1—尺寸代号 A—外螺纹公差带代号
	55°密封管螺纹 圆锥内螺纹	R_C	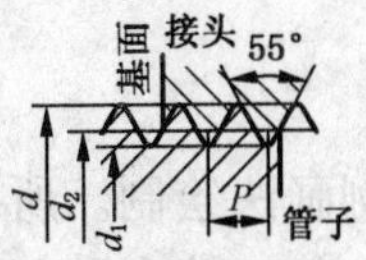	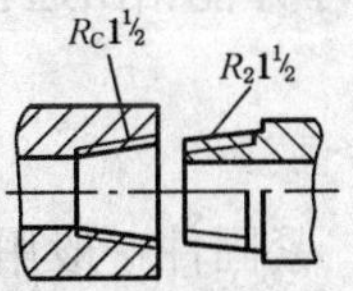 $R_C1\frac{1}{2}$　$R_21\frac{1}{2}$	55°密封管螺纹 R_1—与圆锥内螺纹配合的圆锥外螺纹 R_2—与圆锥内螺纹配合的圆锥外螺纹 $1\frac{1}{2}$—尺寸代号
	圆柱内螺纹	R_P			
传动螺纹	梯形螺纹	T_r	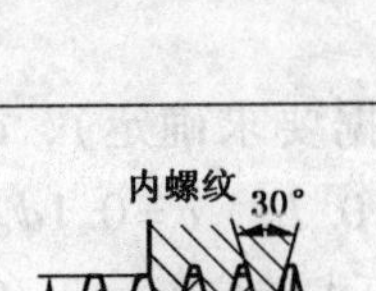	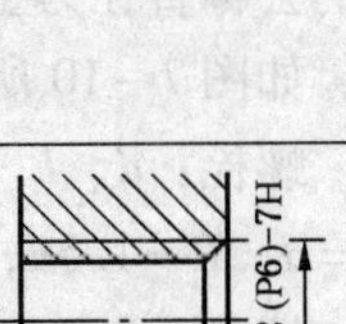 Tr36×12 (P6)-7H	梯形螺纹，公称直径36 mm，双线螺纹，导程12 mm，螺距6 mm，右旋。中径公差带7H，中等旋合长度
	锯齿形螺纹	B	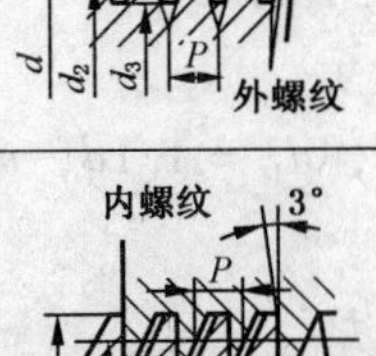	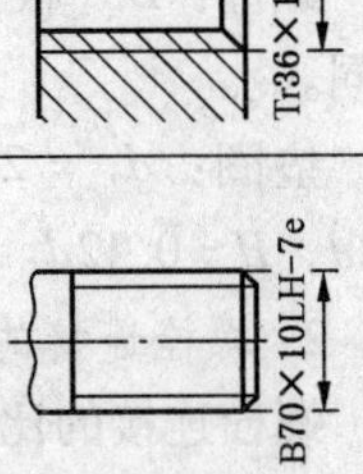 B70×10LH-7e	锯齿形螺纹，公称直径70 mm，单线螺纹，螺距10 mm，左旋。中径公差带为7e，中等旋合长度

第二节　螺纹紧固件

常用螺纹紧固件有螺栓、双头螺柱、螺钉、螺母和垫圈等，如图 7 - 8 所示。它们的结构、尺寸都已分别标准化，均为标准件。在使用或绘图时，可以从相应标准中查到所需的结构尺寸。

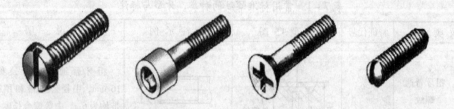

(a) 开槽盘头螺钉　(b) 内六角圆柱头螺钉　(c) 十字槽沉头螺钉　(d) 开槽锥端紧定螺钉

(e) 六角头螺栓 (f) 双头螺柱 (g) Ⅰ型六角螺母 (h) Ⅰ型六角开槽螺母 (i) 平垫圈 (j) 弹簧垫圈

图 7 - 8　螺纹紧固件

一、螺栓连接

螺栓用来连接两个不太厚并能钻出通孔的零件，并与垫圈、螺母配合进行的连接。如图 7 - 9 所示。

1. 螺栓连接中的紧固件画法

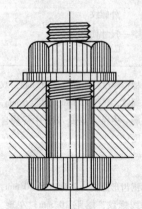

紧固件一般用比例画法绘制。所谓比例画法就是以螺栓上螺纹的公称直径为主要参数，其余各部分结构尺寸均按比例画法绘制，如图 7 - 10 所示。

螺栓：d、L（根据要求确定），$d_1 \approx 0.85d$，$b \approx 2d$，$e = 2d$，$R_1 = d$，$R = 1.5d$，$k = 0.7d$，$c = 0.1d$。

螺母：D（根据要求确定），$m = 0.8d$，其他尺寸与螺栓头部相同。

垫圈：$d_2 = 2.2d$，$d_1 = 1.1d$，$d_3 = 1.5d$，$h = 0.15d$，$s = 0.2d$，$H = 0.12d$。

2. 螺栓连接的画法

螺栓连接的比例画法如图 7 - 11 所示。

（1）两零件的接触面只画一条线，不得特别加粗。凡不接触

图 7 - 9　螺栓连接图

的面，不论间隙大小，都应画出间隙（如螺栓和孔之间应画出间隙）。

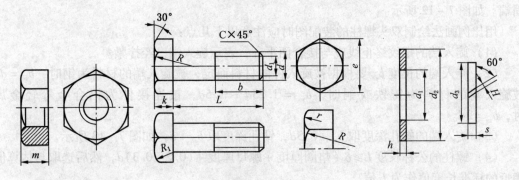

(a) 六角螺母的比例画法　　　　(b) 六角头螺栓的比例画法　　　(c) 垫圈的比例画法

图 7-10　螺母、螺栓、垫圈的比例画法

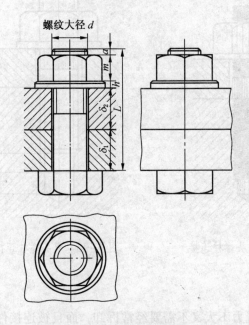

图 7-11　螺栓连接比例画法

（2）剖切平面通过螺栓轴线时，螺栓、螺母、垫圈可按不剖绘制，即只画出其外形。必要时，可采用局部剖视。

（3）两相邻零件的剖面线应相反。同一零件在各个剖视图中的剖面线的方向和间隔应相同。

（4）螺栓长度 $L \geqslant \delta_1 + \delta_2 +$ 垫圈厚度(h) + 螺母厚度(m) + $(0.2 \sim 0.3)d$。

根据上式的估值，然后选取与估算值相近的标准长度值作为 L 值。

（5）被连接件上加工的螺栓孔直径稍大于螺栓直径，取 $1.1d$。

二、螺柱连接

当两个被连接件中有一个很厚，或者不适合用螺栓连接时，常用双头螺柱连接。双头螺柱两端均加工有螺纹，一端与被连接件旋合，称为旋入端；另一端与螺母旋合，称为紧固端。如图 7 – 12 所示。

用比例画法绘制双头螺柱的装配图时应注意以下几点：

（1）旋入端的螺纹终止线应与接合面平齐，表示旋入端已经拧紧。

（2）旋入端的长度 b_m 要根据被旋入件的材料而定，被旋入端的材料为钢时，$b_m = d$；被旋入端的材料为铸铁或铜时，$b_m = 1.25d \sim 1.5d$；被连接件为铝合金等轻金属时，$b_m = 2d$。

（3）旋入端的螺孔深度取 $b_m + 0.5d$，钻孔深度取 $b_m + d$，如图 7 – 13 所示。

（4）螺柱的公称长度 $L \geqslant \delta$ + 垫圈厚度 + 螺母厚度 + $(0.2 \sim 0.3)d$，然后选取与估算值相近的标准长度值作为 L 值。

双头螺柱连接的比例画法如图 7 – 13 所示。

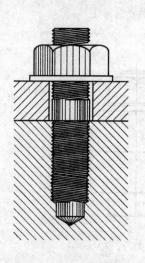

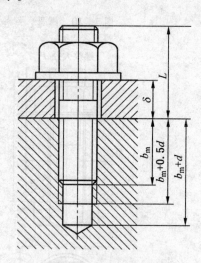

图 7 – 12 双头螺柱连接   图 7 – 13 双头螺柱连接比例画法

三、螺钉连接

螺钉连接一般用于受力不大又不需要经常拆卸，而且被连接件中有一个较厚的场合，如图 7 – 14 所示。

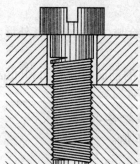

图 7 – 14 螺钉连接

用比例画法绘制螺钉连接时，其旋入端与螺柱相同，被连接件的孔部画法与螺栓相同，被连接件的孔径取 $1.1d$。螺钉的有效长度 $L = \delta + b_m$，并根据标准校正。

螺钉连接的比例画法如图 7 – 15 所示。画图时应注意以下两点：

（1）螺钉的螺纹终止线不能与接合面平齐，而应画在盖板的范围内。

（2）具有沟槽的螺钉头部，与轴线平行的视图上应被放正，而与轴线垂直的视图上画成沿顺时针方向旋转 45°的位置。

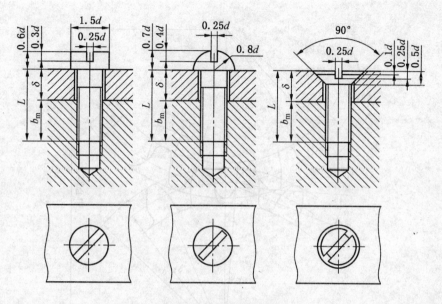

图 7 - 15　螺钉连接的比例画法

第三节　齿　　轮

齿轮是机器设备中应用十分广泛的传动零件，用来传递运动和动力，改变轴的旋向和转速。常见的传动齿轮有 3 种：圆柱齿轮传动——用于两平行轴间的传动；圆锥齿轮传动——用于两相交轴间的传动；蜗杆蜗轮传动——用于两交错轴间的传动，如图 7 - 16 所示。

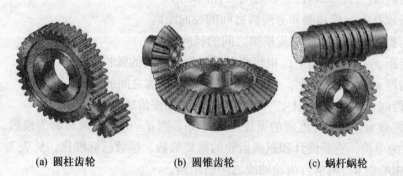

(a) 圆柱齿轮　　　　　(b) 圆锥齿轮　　　　　(c) 蜗杆蜗轮

图 7 - 16　齿轮传动

本节只介绍标准直齿圆柱齿轮的基本知识和规定画法。

一、直齿圆柱齿轮各部分的名称及参数

直齿圆柱齿轮各部分的名称及参数如图 7 - 17 所示。

（1）齿数 z。齿轮上轮齿的个数。

（2）齿顶圆直径 d_a。通过齿顶的圆柱面直径。

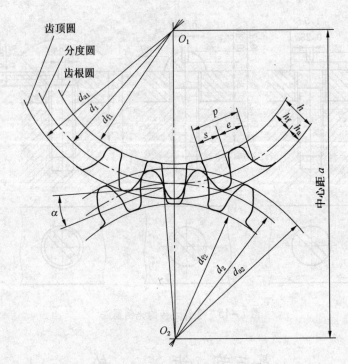

图 7 - 17 直齿圆柱齿轮各部分名称和代号

（3）齿根圆直径 d_f。通过齿根的圆柱面直径。

（4）分度圆直径 d。分度圆直径是设计和加工齿轮时的重要参数。分度圆是一个假想的圆，对于标准齿轮来说，在该圆上齿厚 s 与槽宽 e 相等，其直径称为分度圆直径。

（5）齿高 h。齿顶圆和齿根圆之间的径向距离。

（6）齿顶高 h_a。齿顶圆和分度圆之间的径向距离。

（7）齿根高 h_f。分度圆与齿根圆之间的径向距离。

（8）齿距 p。在分度圆上，相邻两齿对应齿廓之间的弧长。

（9）齿厚 s。在分度圆上，一个齿的两侧对应齿廓之间的弧长。

（10）齿间 e。在分度圆上，一个齿槽的两侧相应齿廓之间的弧长。

（11）模数 m。由于分度圆的周长为 $\pi d = zp$，则 $d = zp/\pi$，则 m 称为模数，得 $d = mz$。模数以 mm 为单位，它是设计和制造齿轮的重要参数，模数已标准化，见表 7 - 2。

（12）中心距 a。两啮合齿轮轴线之间的距离。

表 7 - 2　标准模数（圆柱齿轮摘自 GB/T 1357—2008）　　　　　　　mm

第一系列	1、1.25、1.5、2、2.5、3、4、5、6、8、10、12、16、20、25、32、40
第二系列	1.75、2.25、2.75、（3.25）、3.5、（3.75）、4.5、5.5、（6.5）、7、9、（11）、14、18、22

注：选用圆柱齿轮模数时，应优先选用第一系列，其次选用第二系列，括号内的模数尽可能不用。

二、直齿圆柱齿轮的几何尺寸计算

标准直齿圆柱齿轮各部分尺寸计算公式见表 7 - 3。

表 7 - 3 标准直齿圆柱齿轮各基本尺寸计算公式

名　称	代　号	计算公式	名　称	代　号	计算公式
齿距	p	$p = \pi m$	分度圆直径	d	$d = mz$
齿顶高	h_a	$h_a = m$	齿顶圆直径	d_a	$d_a = m(z + 2)$
齿根高	h_f	$h_f = 1.25m$	齿根圆直径	d_f	$d_f = m(z - 2.5)$
齿高	h	$h = 2.25m$	中心距	a	$a = m(z_1 + z_2)/2$

三、圆柱齿轮的规定画法

1. 单个圆柱齿轮的规定画法

国标规定，齿顶圆和齿顶线用粗实线表示，分度圆和分度线用细点划线表示，齿根圆和齿根线用细实线表示，也可以省略不画。在剖视图中，当剖切平面通过齿轮轴线时，轮齿一律按不剖绘制。此时，齿根线用粗实线绘制，如图 7 - 18 所示。

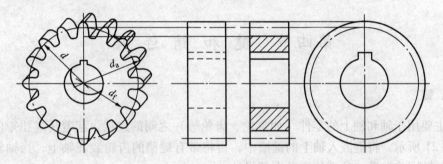

图 7 - 18 单个直齿圆柱齿轮的画法

2. 直齿圆柱齿轮啮合的画法

在投影为圆的视图中，两齿轮的节圆（标准齿轮的节圆与分度圆重合）相切，用细点划线画出，啮合区内的齿顶圆用粗实线画出或省略不画，齿根圆用细实线画出或省略不画，如图 7 - 19b、图 7 - 19d 所示。

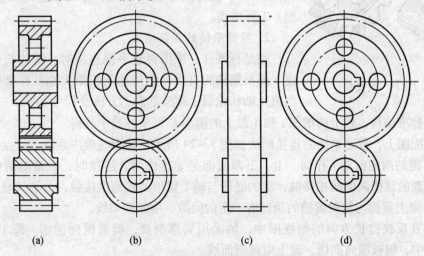

(a)　　　　(b)　　　　(c)　　　　(d)

图 7 - 19 直齿圆柱齿轮的啮合画法

在投影为非圆的外形图中（图7-19c），啮合区的齿顶线和齿根线均不画出，而将节线（分度线）用粗实线绘制。在剖视中啮合区内将一个齿轮的轮齿用粗实线绘制，另一个齿轮的轮齿被遮挡部分画成虚线，即两齿顶线之一改画为虚线，如图7-19a、图7-20所示。

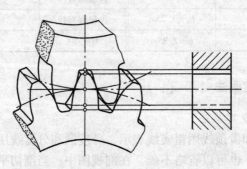

图7-20　轮齿啮合区在剖视图中的画法

第四节　键和销连接

一、键

键主要用于轴和轴上的零件（如带轮、齿轮等）之间的连接，起着传递扭矩的作用。如图7-21所示，将键嵌入轴上的键槽中，再将带有键槽的齿轮装在轴上，当轴转动时，齿轮就与轴同步转动，达到传递动力的目的。

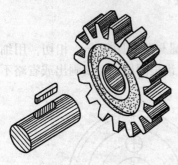

图7-21　键连接

1. 键的种类

键的种类很多，常用的有普通平键、半圆键和钩头楔键3种，如图7-22所示。

普通平键根据其头部结构的不同又分为圆头普通平键（A型）、平头普通平键（B型）和单圆头普通平键（C型）3种型式。

2. 普通平键的连接画法

键是标准件，采用普通平键连接时，键的长度 L 和宽度 b 要根据轴的直径 d 和传递的扭矩大小从标准中选取适当值。轴和轮毂上键槽的表达方法及尺寸如图7-23所示，键槽均是标准结构，轴上的槽深 t 和轮毂上的槽深 t_1 可从标准中查得。

在装配图上，普通平键的连接画法如图7-24所示。画图时应注意以下几点：

（1）键的两侧面是工作面，上、下两底面是非工作面。连接时，平键的两侧面分别与轴、轮毂的键槽两侧面相接触，键的底面与轴上键槽的底面也接触，分别只画一条线。

（2）键上顶面与轮毂键槽的顶面有一定的间隙，应画两条线。

（3）在反映键长方向的剖视图中，轴采用局部剖视，键被纵向剖切，按不剖绘制。在左视图中，键被横向剖切，键上应画剖面线。

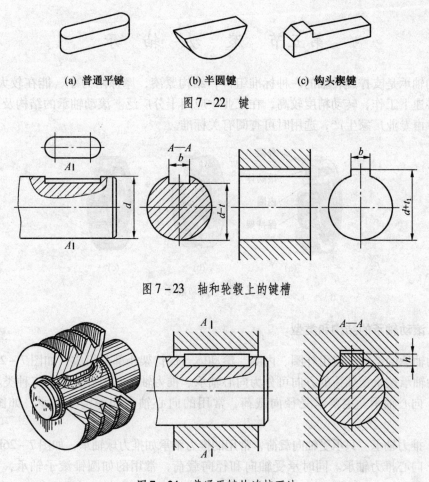

（a）普通平键   （b）半圆键   （c）钩头楔键

图 7 - 22 键

图 7 - 23 轴和轮毂上的键槽

图 7 - 24 普通平键的连接画法

二、销

销是标准件，主要用于零件间的连接或定位。常用的销有圆柱销、圆锥销、开口销等。

销连接的画法如图 7 - 25 所示。剖视图中，轴采用局部剖视，销被剖切平面过轴线纵向剖切，销按不剖绘制。销与销孔之间是配合关系，绘图时，配合表面只画一条线。

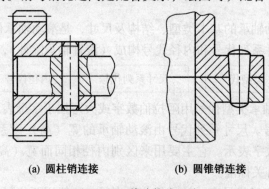

（a）圆柱销连接   （b）圆锥销连接

图 7 - 25 销连接的画法

第五节　滚 动 轴 承

滚动轴承是支撑旋转轴的一种标准组件，结构紧凑，摩擦阻力小，能在较大的载荷、较高的转速下工作，转动精度较高，在工业中应用十分广泛。滚动轴承的结构及尺寸已经标准化，由专业厂家生产，选用时可查阅有关标准。

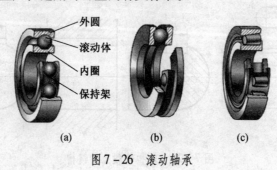

图7－26　滚动轴承

一、滚动轴承的结构和类型

滚动轴承的结构一般由外圈、内圈、滚动体、保持架4部分组成，如图7－26所示。滚动轴承按承受载荷的方向可分为向心轴承、推力轴承和向心推轴承三种类型：

（1）向心轴承。主要承受径向载荷，常用的向心轴承如深沟球轴承，如图7－26a所示。

（2）推力轴承。只承受轴向载荷，常用的推力轴承如推力球轴承，如图7－26b所示。

（3）向心推力轴承。同时承受轴向和径向载荷，常用的如圆锥滚子轴承，如图7－26c所示。

二、滚动轴承的代号

滚动轴承的代号一般打印在轴承的端面上，由基本代号、前置代号和后置代号3部分组成，排列顺序如下：

| 前置代号 | 基本代号 | 后置代号 |

1. 基本代号

基本代号表示滚动轴承的基本类型、结构及尺寸，是滚动轴承代号的基础。基本代号由轴承类型代号、尺寸系列代号和内径代号构成（滚针轴承除外），其排列顺序如下：

| 类型代号 | 尺寸系列代号 | 内径代号 |

（1）类型代号。轴承类型代号用阿拉伯数字或大写拉丁字母表示。

（2）尺寸系列代号。尺寸系列代号由滚动轴承的宽（高）度系列代号和直径系列代号组合而成，用两位数字表示。它主要用来区别内径相同而宽（高）度和外径不同的轴承。详细情况请查阅有关标准。

（3）内径代号。内径代号表示轴承的公称内径，一般用两位阿拉伯数字表示。

2. 前置代号和后置代号

前置代号和后置代号是轴承在结构形状、尺寸、公差、技术要求等有改变时，在其基本代号前后添加的补充代号。具体情况可查阅有关的国家标准。

轴承代号标记示例：

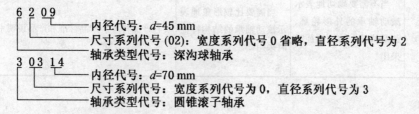

6 2 09
- 内径代号：$d=45$ mm
- 尺寸系列代号 (02)：宽度系列代号 0 省略，直径系列代号为 2
- 轴承类型代号：深沟球轴承

3 03 14
- 内径代号：$d=70$ mm
- 尺寸系列代号：宽度系列代号为 0，直径系列代号为 3
- 轴承类型代号：圆锥滚子轴承

三、滚动轴承的画法

滚动轴承是标准件，可按设计要求选购，不必画出它的零件图。在装配图中，可按轴承的几个主要尺寸，如外径 D、内径 d、宽度 B 等，将轴承的一侧按规定画法画出，另一侧按通用画法画出，见表 7-4。

表 7-4 常用滚动轴承的画法

轴承类型	通用画法	特征画法	规定画法	装配画法
	均指滚动轴承在所属装配图的剖视图中的画法			
深沟球轴承		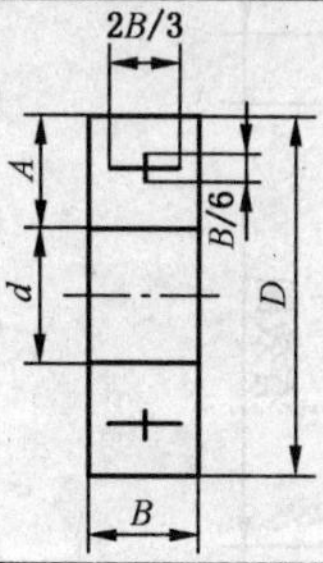	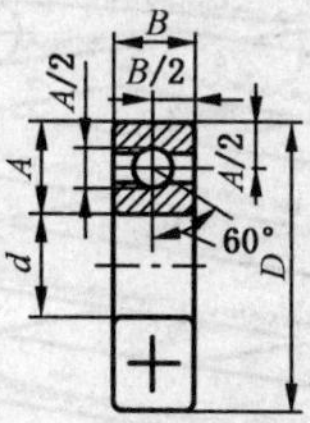	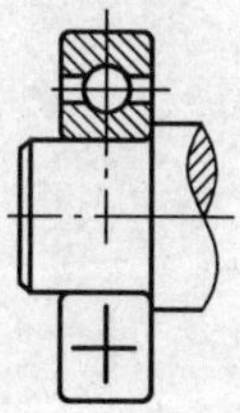
圆锥滚子轴承	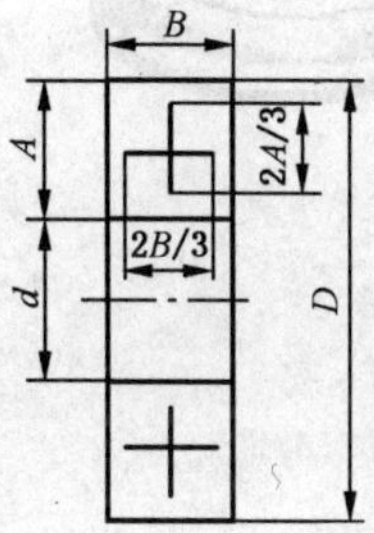	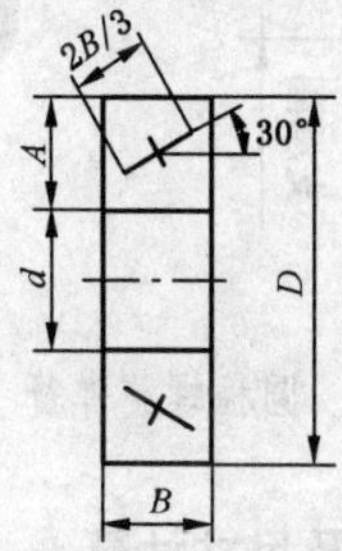	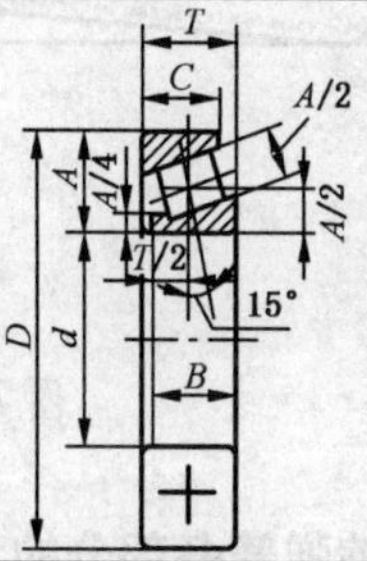	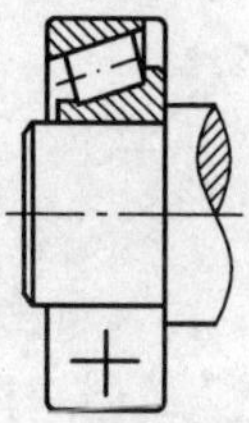
推力球轴承		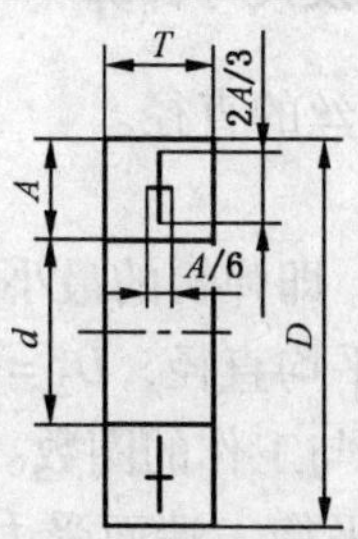	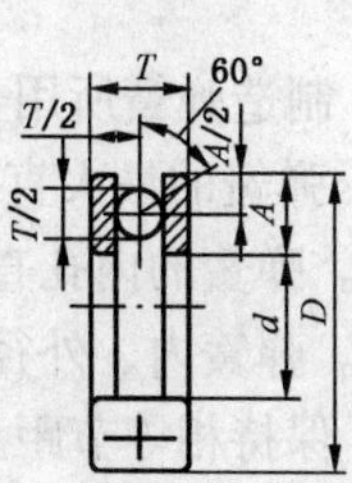	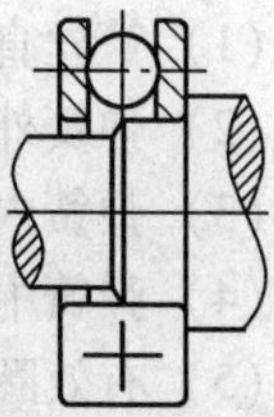

表7-4（续）

轴承类型	通用画法	特征画法	规定画法	装配画法
	均指滚动轴承在所属装配图的剖视图中的画法			
适用场合	当不需要确切地表示滚动轴承的外形轮廓、载荷特性、结构特征时采用	当需要比较形象地表示滚动轴承的结构特征时采用	在产品样本、产品标准和产品说明书中采用	

第六节　弹　　簧

弹簧是机械、电气设备中一种常用的零件，主要用于减震、夹紧、储存能量和测力等。弹簧的种类很多，使用较多的是圆柱螺旋弹簧，如图7-27所示。本节主要介绍圆柱螺旋压缩弹簧的尺寸计算和规定画法。

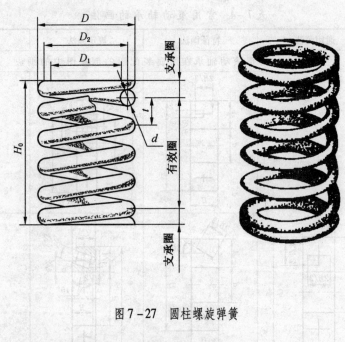

图7-27　圆柱螺旋弹簧

一、圆柱螺旋压缩弹簧各部分的名称及尺寸计算

（1）簧丝直径 d。制造弹簧所用金属丝的直径。

（2）弹簧外径 D。弹簧的最大直径。

（3）弹簧内径 D_1。弹簧的内孔直径，即弹簧的最小直径。$D_1 = D - 2d$。

（4）弹簧中径 D_2。弹簧内、外径的平均直径，$D_2 = (D + D_1)/2$。

（5）有效圈数 n。保持相等节距且参与工作的圈数。

（6）支撑圈数 n_2。为了使弹簧工作平衡，端面受力均匀，制造时将弹簧两端的3/4

至 5/4 圈压紧靠实，并磨出支撑平面。这些圈主要起支撑作用，所以称为支撑圈。支撑圈数 n_2 表示两端支撑圈数的总和。一般有 1.5、2、2.5 圈 3 种。

（7）总圈数 n_1。有效圈数和支撑圈数的总和，即 $n_1 = n + n_2$。

（8）节距 t。相邻两有效圈上对应点间的轴向距离。

（9）自由高度 H_0。未受载荷作用时的弹簧高度（或长度），$H_0 = nt + (n_2 - 0.5)d$。

（10）弹簧的展开长度 L。制造弹簧时所需的金属丝长度，$L \approx n_1 \sqrt{(\pi D_2)^2 + t^2}$。

（11）旋向。与螺旋线的旋向意义相同，分为左旋和右旋两种。

二、圆柱螺旋压缩弹簧的规定画法

GB/T 4459.4—2003 对弹簧的画法作了如下规定：

（1）在平行于螺旋弹簧轴线的投影面的视图中，其各圈的轮廓应画成直线。

（2）有效圈数在 4 圈以上时，可以每端只画出 1～2 圈（支撑圈除外），其余省略不画。

（3）螺旋弹簧均可画成右旋，但左旋弹簧不论画成左旋或右旋，均需注写旋向"左"字。

（4）螺旋压缩弹簧如要求两端并紧且磨平时，不论支撑圈多少均按支撑圈 2.5 圈绘制，必要时也可按支撑圈的实际结构绘制。

圆柱螺旋压缩弹簧的画图步骤如图 7-28 所示。

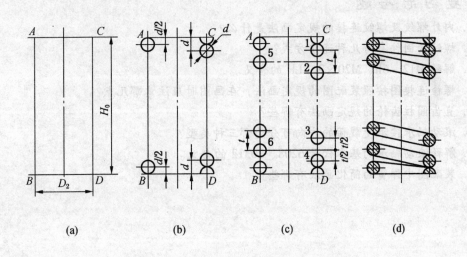

（a）　　　　（b）　　　　（c）　　　　（d）

图 7-28　圆柱螺旋压缩弹簧的画图步骤

三、装配图中弹簧的简化画法

在装配图中，弹簧被看作实心物体，因此，被弹簧挡住的结构一般不画出，可见部分应画至弹簧的外轮廓或弹簧的中径处，如图 7-29a 所示。当簧丝直径在图形上小于或等于 2 mm 并被剖切时，其剖面可以涂黑表示，如图 7-29b 所示。也可采用示意画法，如图 7-29c 所示。

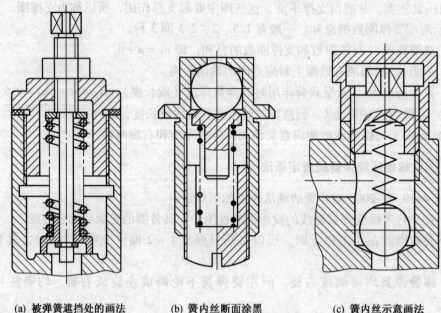

(a) 被弹簧遮挡处的画法　　(b) 簧内丝断面涂黑　　(c) 簧内丝示意画法

图 7 - 29　装配图中弹簧的画法

复习思考题

1. 内外螺纹及螺纹连接的规定画法是什么?

2. 螺纹紧固件有哪几种连接方式?

3. 解释 M12 - 6h、M20 × 2 - LH 的含义。

4. 螺栓连接图按照装配图的规定画法, 在画图时应注意哪几点?

5. 直齿圆柱齿轮的规定画法有哪些?

6. 滚动轴承按承受载荷的方向可分为哪三种类型?

7. 解释滚动轴承的基本代号 6208、30312 的含义。

8. 装配图中弹簧的简化画法有哪些?

第八章 零 件 图

第一节 零 件 图 概 述

一、零件图的作用

任何机器或部件都是由许多零件装配而成的。用来表达零件结构、大小及技术要求的图样称为零件图。图 8-1 所示为直齿圆柱齿轮的零件图。零件图是制造和检验零件的主要依据，是指导生产的重要技术文件。

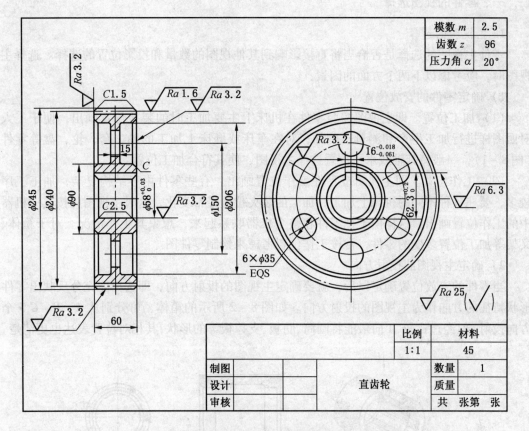

图 8-1 直齿圆柱齿轮零件图

二、零件图的内容

从图 8-1 中可以看出，一张完整的零件图一般应包括以下几项内容：

（1）一组视图。包括各种视图、剖视图、断面图等，以表示零件的内、外结构形状。

（2）完整的尺寸。零件图中应正确、完整、清晰、合理地注出制造、检验零件所需的全部尺寸。

（3）技术要求。零件图中必须用规定的代号、数字、字母和文字注解说明制造和检验零件时在技术指标上应达到的要求，如表面结构要求、尺寸公差、形位公差、材料的热处理、检验方法以及其他特殊要求等。

（4）标题栏。用来说明零件的名称、材料、数量、比例、图样代号以及设计、审核、批准者的姓名、日期等。

第二节　零件的视图表达方法

为了把零件的内外结构形状正确、完整、清晰地表达出来，并便于看图和绘图，必须合理地选择图示方案。选择合适的表达方法主要应从以下两方面考虑：

一、零件的视图选择

1. 主视图的选择

零件主视图的选择是否恰当将直接影响到其他视图的数量和投影位置的选择。选择主视图时，应考虑以下两个方面的因素：

1）确定零件的安放位置

（1）加工位置。即主视图按照零件在机床上主要加工时的装夹位置画出，便于工人对照图样进行加工生产和测量。例如，对在车床或磨床上加工的轴、套、轮、盘等零件（图8-1），一般将其轴线水平放置选择主视图，使其符合加工位置。

（2）工作位置。即主视图按零件工作位置画出。有些零件由于结构复杂，加工工序较多，要在各种不同的机床上加工，加工的装夹位置经常变化，这时主视图应按其中机器中的工作位置画出，这样便于把零件和整个机器联系起来，想象其工作情况。对于箱体、叉架等加工位置多变的零件，常按工作位置考虑来绘制零件图。

2）确定主视图的投射方向

当零件的安放位置确定以后，就要确定主视图的投射方向，即选择能充分反映出零件形状特征的方向作为主视图的投射方向。如图8-2所示的箱体，可分别从 A、B、C 3个方向投射。但经过比较，A 向最能将圆筒、肋板、支撑板等的形状，其相对位置表达也更清楚。

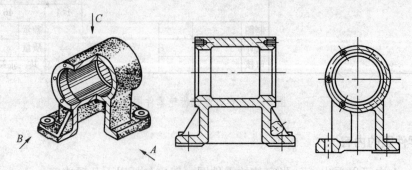

图8-2　箱体主视图方向的选择

2. 其他视图的选择

主视图选定之后，还需要哪些视图，应根据零件内外结构形状的复杂程度而定，使每个视图都有一个表达重点。一个好的表达方案应该是表达完整、清晰，看图易懂，画图简便，有利于技术要求的标注等。

第三节　零件图上的尺寸标注

零件图上的尺寸是零件制造、检验的重要依据。因此，在零件图上标注尺寸，应满足下列要求：

(1) 正确。尺寸的注写应符合国家标准《机械制图》的有关规定。

(2) 完整。应标注出制造、检验零件所需要的全部尺寸，但不能重复。

(3) 清晰。尺寸的标注应清晰，以便于看图。

(4) 合理。尺寸标注应符合零件设计、加工、检验和装配的要求。

本节着重介绍合理标注尺寸的有关内容。要使尺寸标注做到工艺上合理，还需要有较丰富的生产实际经验和有关的机械制造知识，这里只作初步介绍。

一、尺寸基准

尺寸基准根据其作用分为两类：

1. 设计基准

根据零件的结构和设计要求所选定的基准。如图 8-3a 所示轴承座底面为安装面，因此它是高度方向的设计基准。又如图 8-3b 所示的阶梯轴，要求各圆柱面同轴，所以轴线为径向尺寸的设计基准。

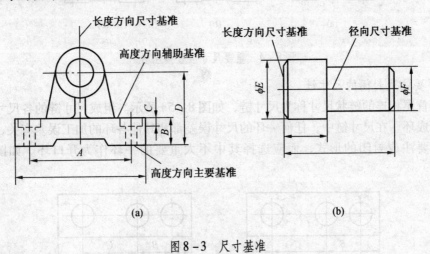

图 8-3　尺寸基准

2. 工艺基准

根据零件在加工、测量、安装时的要求所选定的基准。图 8-3b 所示的阶梯轴在车床上加工时，均以左端面为测量轴向尺寸的起点，因此，左端面为轴向方向的工艺基准，其轴线与车床主轴的轴线一致，轴线也是径向工艺基准。

零件有长、宽、高三个度量方向，每个方向都应有尺寸基准。当零件结构形状较复杂时，同一方向上，尺寸基准可能有几个，其中决定零件主要尺寸的基准称为主要基准，为加工测量方便而附加的基准称为辅助基准，如图8-3a所示。

如图8-3a所示的轴承座，长度方向尺寸以零件的左右对称平面为基准，以保证底板上两个安装孔的中心距A。高度方向尺寸以底板的底平面为基准，直接标注出轴孔的中心高，以满足设计要求。为了便于加工和测量安装孔，选择底板的顶面为高度方向的辅助基准，以满足工艺要求。

基准与基准之间，一定要有尺寸直接联系，如图8-3a所示，主要基准D与辅助基准C之间有尺寸B相联系。

标注尺寸时，尽量使设计基准和工艺基准统一起来，这样既符合设计要求又符合工艺要求。当两者不能统一时，首先满足设计基准。

二、标注尺寸注意事项

1. 重要尺寸应从基准直接注出

此种标注以保证加工时达到尺寸要求，不致受累积误差的影响，如图8-4所示。零件的重要尺寸一般是指直接影响机器性能的尺寸，如两零件的配合尺寸、安装尺寸等。

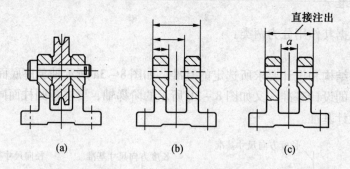

(a)   (b)   (c)

图8-4 重要尺寸应直接注出

2. 不要注成封闭的尺寸链

一组首尾相连的链状尺寸称为尺寸链，如图8-5a所示。组成尺寸链的各尺寸称为尺寸链的组成环。在尺寸链中，任何一环的尺寸误差都和其他各环的加工误差有关，在一般情况下不要注成封闭的形式，而应选择其中不太重要的一环作为开口环。如图8-5b所示。

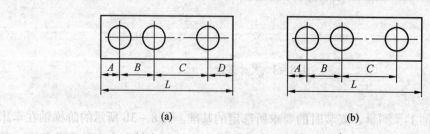

(a)   (b)

图8-5 尺寸链

3. 标注尺寸要考虑制造工艺

1）按加工顺序标注尺寸

按加工顺序标注尺寸，便于加工、测量，符合加工过程。如图8-6所示减速器输出轴，其车削加工顺序和标注尺寸的关系见表8-1。

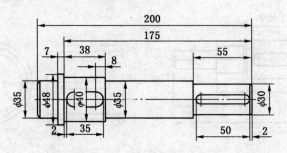

图 8-6 减速器输出轴

表 8-1 轴的加工顺序和标注尺寸

加 工 顺 序	尺 寸 标 注
落料车外圆	φ48 / 200
车 φ40 长 175 外圆	φ40 / 175
调头车 φ35 留 7	φ35 / 7
车 φ35 留 38，车外圆柱面	φ35 / 38
车 φ30 长 55 外圆	φ30 / 55

2）按加工方法标注尺寸

用不同的加工方法加工的有关尺寸，如图8-7a所示。加工要求不同，尺寸标注也应有所不同，如图8-7b所示，因加工时上下合起来镗孔，所以其径向尺寸应注直径φ而不注R。

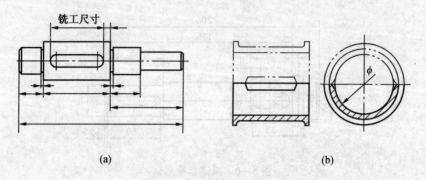

图8-7　按加工方法标注尺寸

3）考虑测量方便

标注尺寸时，应考虑测量的方便与可能。如图8-8所示。

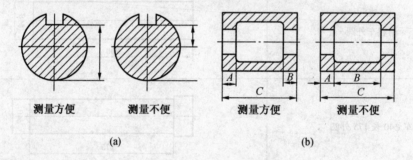

图8-8　标注尺寸应考虑测量方便

4. 尺寸布置要清晰

（1）按加工工序不同分别注出尺寸，如图8-7a所示。

（2）零件外部与内部结构尺寸应分别标注在视图两侧，如图8-9所示。

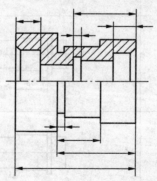

图8-9　内外尺寸分别标注在视图两侧

三、零件上常见孔的尺寸标注

表8-2 零件上常见孔的尺寸标注

类型	普通注法	旁 注 法		说 明
光孔	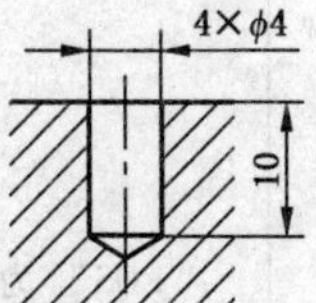 4×φ4 10	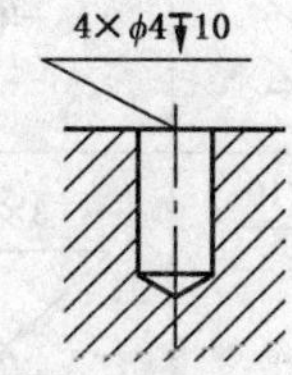 4×φ4▽10	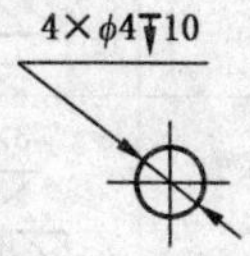 4×φ4▽10	"▽"为孔深符号,4×φ4表示直径为4 mm均匀分布的4个光孔,孔深为10 mm
光孔	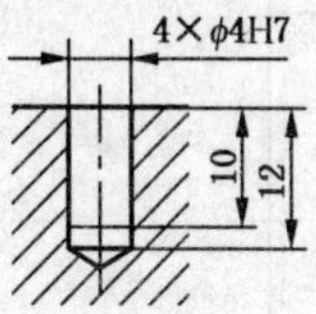 4×φ4H7 10 12	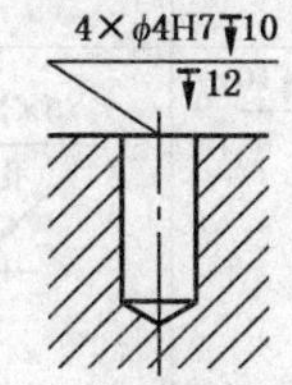 4×φ4H7▽10 ▽12	 4×φ4H7▽10 ▽12	钻孔深度为12 mm,精加工孔(铰孔)深度为10 mm
光孔	该孔无普通注法。注意:φ4是指与其相配的圆锥销的公称直径(小端直径)	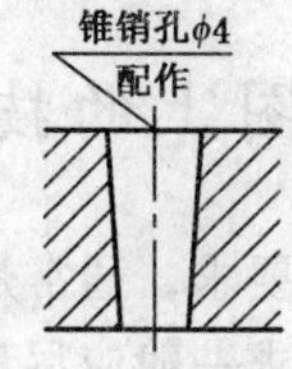 锥销孔φ4 配作	 锥销孔φ4 配作	"配作"系指该孔与相邻零件的同位锥销孔一起加工
锪孔	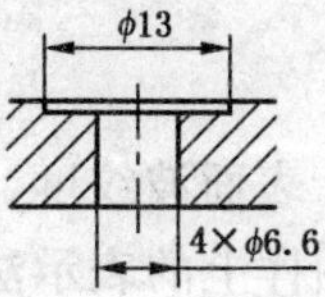 φ13 4×φ6.6	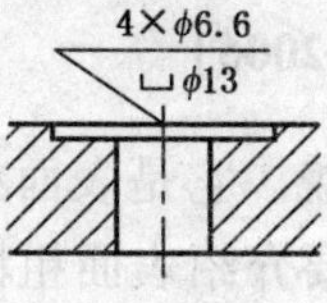 4×φ6.6 ⊔φ13	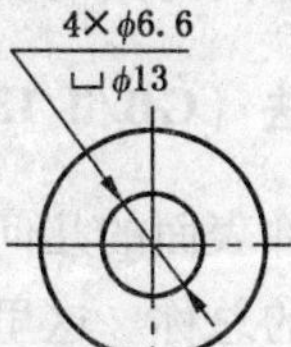 4×φ6.6 ⊔φ13	"⊔"为锪平、沉孔符号锪孔通常只需锪出圆平面即可,因此沉孔深度一般不注
沉孔	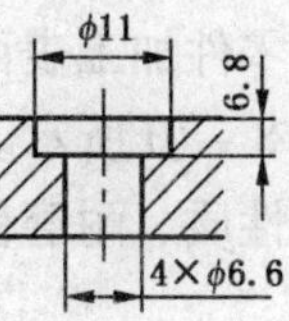 φ11 6.8 4×φ6.6	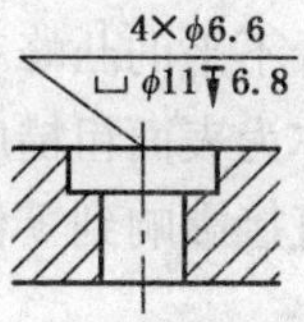 4×φ6.6 ⊔φ11▽6.8	 4×φ6.6 ⊔φ11▽6.8	该孔为安装内六角圆柱头螺钉所用,承装头部的孔深应注出
沉孔	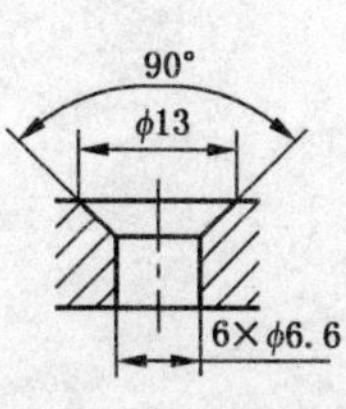 90° φ13 6×φ6.6	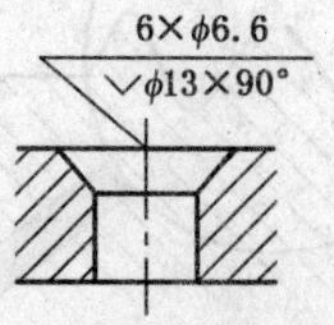 6×φ6.6 ∨φ13×90°	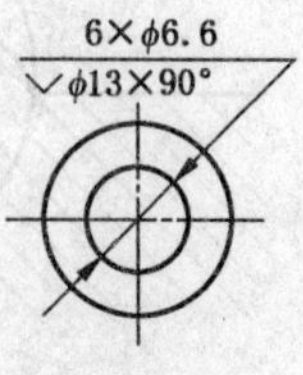 6×φ6.6 ∨φ13×90°	"∨"为埋头孔符号该孔为安装开槽沉头螺钉所用

表 8-2（续）

类型	普通注法	旁 注 法		说 明
螺纹孔	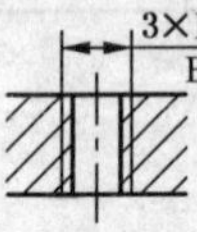 3×M6-6H EQS	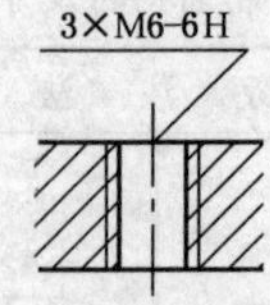 3×M6-6H	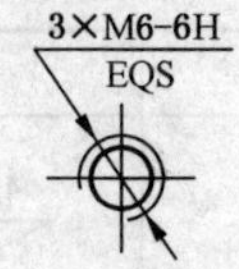 3×M6-6H EQS	"EQS"为均布孔的缩写词
	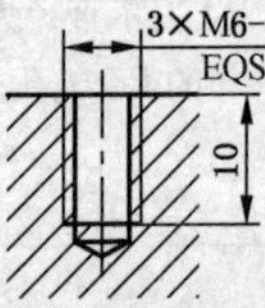 3×M6-6H EQS 10	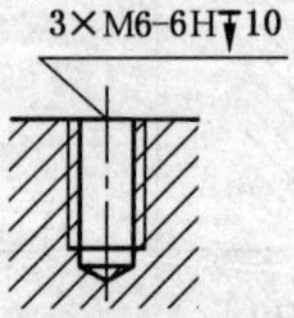 3×M6-6H▼10	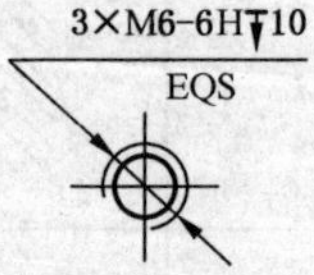 3×M6-6H▼10 EQS	
	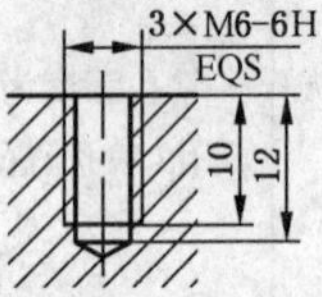 3×M6-6H EQS 10 12	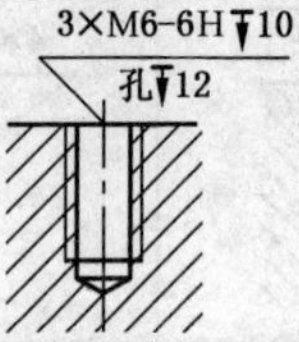 3×M6-6H▼10 孔▼12	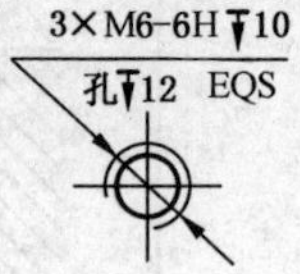 3×M6-6H▼10 孔▼12 EQS	

第四节　零件图上的技术要求

零件图上的技术要求就是对零件的质量要求，通常是指表面结构要求、尺寸公差、形位公差、材料热处理及表面处理等。技术要求一般应尽量用技术标准规定的代号（符号）标注在零件图中，没有规定的可用简明的文字逐项写在标题栏附近的适当位置。

一、表面结构的表示法（GB/T 131—2006）

所谓表面结构是指零件表面的几何形貌。它是表面粗糙度、表面波纹度、表面纹理、表面缺陷和表面几何形状的总称。这里主要介绍表面粗糙度在图样上的表示法及其符号、代号的标注与识读方法。

1. 表面粗糙度的概念

零件经过加工后的表面会留有许多高低不平的凸峰和凹谷，零件加工表面上具有的较小间距的峰谷所组成的微观几何形状特性称为表面粗糙度，如图 8-10 所示。表面粗糙度是评定零件表面质量的一项重要指标，它直接影响到零件的配合性质、耐磨性、耐腐蚀性和密封性。

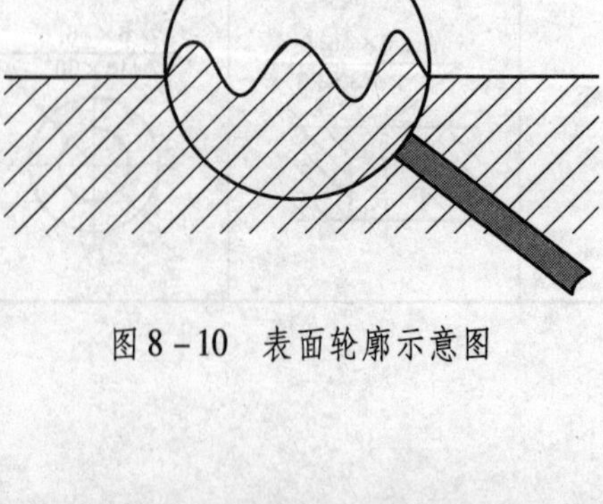

图 8-10　表面轮廓示意图

2. 表面粗糙度的参数

表面粗糙度的评定参数主要有：轮廓算术平均偏差 Ra，轮廓最大高度 Rz 等。目前，在生产中常用的评定参数是轮廓算术平均偏差 Ra，它反映零件表面的质量，Ra 值越小，表面越光滑，表面质量就越高。

3. 表面粗糙度的注法

（1）表面结构要求的图形符号。表面结构要求的图形符号见表 8 – 3。

（2）表面结构代号。表面结构符号中注写了具体参数代号及数值等要求后即称为表面结构代号。常见表面结构（粗糙度）代号示例见表 8 – 4。

表 8 – 3　表面结构符号及画法

符号名称	符 号	意 义	表面结构完整图形符号的组成
基本图形符号	$d = h/10$ $H_1 = 1.4\,h$ $H_2 = 2.1H_1$ h 为字高	未指定工艺方法的表面，仅用于简化代号的标注，没有补充说明时不能单独使用	*a*—注写表面结构的单一要求 *a* 和 *b*—标注两个或多个表面结构要求 *c*—注写加工方法 *d*—注写表面纹理和方向 *e*—注写加工余量，mm
扩展图形符号		基本符号上加一短横，表示指定表面是用去除材料的方法获得。例如：车、铣、钻、磨、抛光、腐蚀、电火花加工等	
		基本符号上加一小圆，表示指定表面是用不去除材料的方法获得。例如：铸、锻、冲压、热轧、冷轧、粉末冶金等；或是用于保持原供应状况的表面	
完整图形符号		在上述 3 个符号的长边上可加一横线，用于标注有关参数和说明	

表 8 – 4　常见表面结构代号示例

代号	意 义	代号	意 义
$Ra\,3.2$	用任何方法获得的表面，Ra 的上限值为 3.2 μm	$Ra\,3.2$	用不去除材料方法获得的表面，Ra 的上限值为 3.2 μm
$Ra\,3.2$	用去除材料的方法获得的表面，Ra 的上限值为 3.2 μm	$Ra\,3.2$ $Ra\,1.6$	用去除材料方法获得的表面，Ra 的上限值为 3.2 μm，下限值为 1.6 μm

（3）表面结构要求在图样上的标注方法，见表 8 – 5。

表8-5 表面结构要求在图样上的标注方法

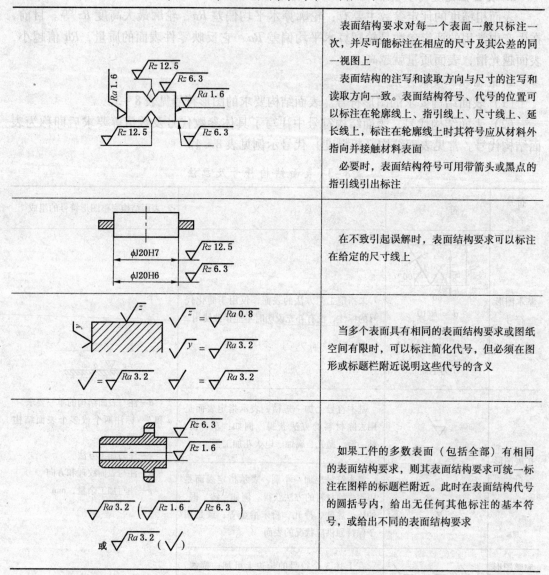

	表面结构要求对每一个表面一般只标注一次，并尽可能标注在相应的尺寸及其公差的同一视图上 表面结构的注写和读取方向与尺寸的注写和读取方向一致。表面结构符号、代号的位置可以标注在轮廓线上、指引线上、尺寸线上、延长线上，标注在轮廓线上时其符号应从材料外指向并接触材料表面 必要时，表面结构符号可用带箭头或黑点的指引线引出标注
	在不致引起误解时，表面结构要求可以标注在给定的尺寸线上
	当多个表面具有相同的表面结构要求或图纸空间有限时，可以标注简化代号，但必须在图形或标题栏附近说明这些代号的含义
	如果工件的多数表面（包括全部）有相同的表面结构要求，则其表面结构要求可统一标注在图样的标题栏附近。此时在表面结构代号的圆括号内，给出无任何其他标注的基本符号，或给出不同的表面结构要求

二、极限与配合（GB/T 4458.5—2003）

1. 互换性

从一批规格相同的零件中，不经挑选和修配，任取一件就能装到机器上，并能保证使用性能要求，零件的这种可互相替换的性质称为互换性。互换性对提高劳动生产率，对于机械设备的装配、维修都具有重要意义，而极限与配合制度是实现互换性的重要基础。

2. 公差

在加工过程中，不可能把零件的尺寸做得绝对准确。为了保证互换性，必须将零件的加工误差控制在一定的范围内，允许零件尺寸有一个变动量，这个允许的尺寸变动量，称为尺寸公差（简称公差）。有关公差的一些基本术语见表8-6。

表8-6 公差的基本术语

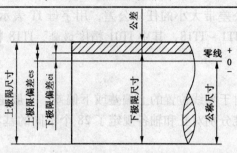

名　称	解　　释	计算示例及说明（单位：mm）	
		孔 $\phi35H7$ $\binom{+0.025}{0}$	$\phi35f7$ $\binom{-0.025}{-0.050}$
公称尺寸	由图样规范确定的理想形状要素的尺寸即设计时给定的尺寸	$\phi35$	$\phi35$
实际尺寸	通过测量所得的尺寸		
极限尺寸	尺寸要素允许的尺寸的两个端		
上极限尺寸	尺寸要素允许的最大尺寸	$\phi35.025$	$\phi34.975$
下极限尺寸	尺寸要素允许的最小尺寸	$\phi35$	$\phi34.950$
零线	在极限与配合图解中表示公称尺寸的一条直线，以它为基准确定偏差与公差。当零线画成水平时，零线之上的偏差为正，零线之下的偏差为负，见右图	<div>零线 ES EI +0.025 / 0</div><div>公称尺寸 es er −0.025 / −0.050</div>	
偏差	某一尺寸减其公称尺寸所得的代数差		
	极限偏差：极限尺寸减公称尺寸所得的代数差		
	上极限偏差：上极限尺寸－公称尺寸＝上极限偏差（孔为ES，轴es）	$ES = 35.025 - 35 = +0.025$	$es = 34.975 - 35 = -0.025$
	下极限偏差：下极限尺寸－公称尺寸＝下极限偏差（孔为EI，轴ei）	$EI = 35 - 35 = 0$	$ei = 34.950 - 35 = -0.050$
尺寸公差（简称公差）	允许尺寸的变动量，公差＝∣上极限尺寸－下极限尺寸∣＝∣上极限偏差－下极限偏差∣	$\| 35.025 - 35 \| =$ $\|+0.025 - 0\| = 0.025$	$\| 34.975 - 34.950 \| =$ $\|-0.025 - (-0.050)\| =$ 0.025
尺寸公差带（简称公差带）	表示上极限尺寸和下极限尺寸的两条直线之间的一个区域，即尺寸公差所表示的那个区域，见表中的图例		

3. 标准公差与基本偏差

公差带是由标准公差和基本偏差组成的。标准公差确定公差带的大小，基本偏差确定公差带的位置。

1）标准公差

国家标准用以确定公差带大小的任一公差，用字母 IT 表示。标准公差分为 20 个等级，分别为 IT01、IT0、IT1～IT18，其中 IT01 精度最高，IT18 精度最低。标准公差等级数值可查有关技术标准。

2）基本偏差

用以确定公差带相对于零线位置的上偏差或下偏差，一般是指靠近零线的那个偏差。根据实际需要，国家标准分别对孔和轴各规定了 28 个不同的基本偏差，基本偏差系列如图 8－11 所示。

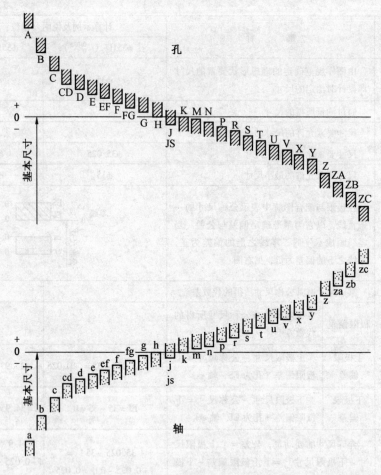

图 8－11　基本偏差系列

基本偏差代号用一个或两个拉丁字母表示，大写字母代表孔，小写字母代表轴。基本偏差系列图只表示公差带的位置，不表示公差的大小。在图中只画出了公差带属于基本偏差的一端，而另一端是开口，公差带的另一端取决于标准公差的大小。

4. 配合的种类

基本尺寸相同，相互结合的孔和轴公差带之间的关系称为配合。根据机器的设计要求和生产实际的需要，国家标准将配合分为三类：

（1）间隙配合。孔的公差带完全在轴的公差带之上，任取其中一对轴和孔相配都成为具有间隙的配合（包括最小间隙为零），如图 8－12 所示。

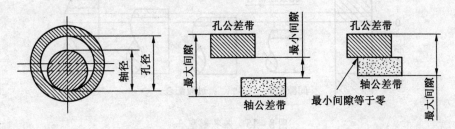

图 8－12 间隙配合

（2）过盈配合。孔的公差带完全在轴的公差带之下，任取其中一对轴和孔相配都成为具有过盈的配合（包括最小过盈为零），如图 8－13 所示。

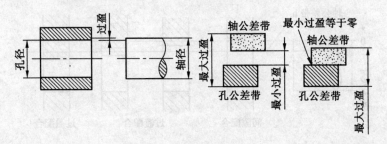

图 8－13 过盈配合

（3）过渡配合。孔和轴的公差带相互交叠，任取其中一对孔和轴相配合，可能具有间隙，也可能具有过盈的配合，如图 8－14 所示。

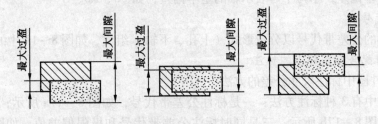

图 8－14 过渡配合

5. 配合的基准制

国家标准规定了基孔制和基轴制两种基准制。

1）基孔制

基本偏差为一定的孔的公差带，与不同基本偏差的轴的公差带构成各种配合的一种制度，称为基孔制。这种制度在同一基本尺寸的配合中，是将孔的公差带位置固定，通过变动轴的公差带位置得到各种不同的配合，如图 8－15 所示。基孔制的孔称为基准孔，其基本偏差代号为 H，基准孔的下偏差为零。

2）基轴制

基本偏差为一定的轴的公差带与不同基本偏差的孔的公差带构成各种配合的一种制度称为基轴制。这种制度在同一基本尺寸的配合中，是将轴的公差带位置固定，通过变动孔

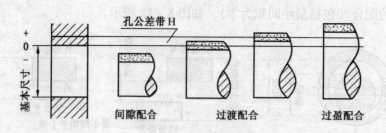

图 8 - 15 基孔制配合

的公差带位置得到各种不同的配合，如图 8 - 16 所示。基轴制的轴称为基准轴，其基本偏差代号为 h ，基准轴的上偏差为零。由于孔的加工比轴要困难，因此通常优先选用基孔制。

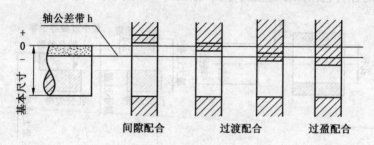

图 8 - 16 基轴制配合

6. 公差带代号

由表示基本偏差代号的拉丁字母和表示标准公差等级的阿拉伯数字组合而成，大写字母表示孔的基本偏差，小写字母表示轴的基本偏差，如 F6、K6、f7 等。

7. 配合代号

由孔和轴的公差带代号以分数形式（上孔、下轴）组成，如图 8 - 19 中的 H8/f7。

8. 公差与配合在图样上的标注

1）在零件图中标注尺寸公差的方法

在零件图中有 3 种标注方法：一是标注公差带代号，如图 8 - 17a 所示；二是标注极限偏差值，如图 8 - 17b 所示；三是同时标注公差带代号和极限偏差值，如图 8 - 17c 所示。这 3 种标注形式具有同等效力，可根据具体需要选用。

（1）应用极限偏差标注时，上极限偏差需注在公称尺寸的右上角，下极限偏差与公称尺寸注写在同一底线上。极限偏差的数字高度一般比公称尺寸的数字高度小一号，如图 8 - 18a 所示。

（2）标注极限偏差时，上、下极限偏差的小数点必须对齐，小数点后的位数也必须相同。

（3）当上、下极限偏差值中的一个为"零"时，必须用数字"0"标出，它的位置应和另一极限偏差的小数点前的个位数对齐，如图 8 - 18b 所示。

（4）当公差带相对于公称尺寸对称配置时，即上、下极限偏差值数字相同，正负相反，只需注写一次数字，高度与公称尺寸相同，并在偏差与公称尺寸之间注出符号"±"，如图 8 - 18c 所示。

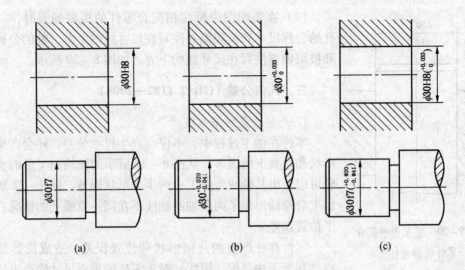

图 8－17 零件图中尺寸公差的标注

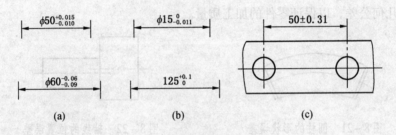

图 8－18 极限偏差值的标注

（5）用公差带代号标注时，公差带代号写在公称尺寸的右边，并且要与公称尺寸的数字高度相同，基本偏差的代号和公差等级的数字都用同一种字号，如图 8－17a 所示。

（6）同时用公差带代号和相应的极限偏差值标注时，公差带代号在前，极限偏差值在后，并且加圆括号，如图 8－17c 所示。

2）在装配图中标注配合关系的方法

在装配图中一般标注线性尺寸的配合代号或分别标出孔和轴的极限偏差值。

（1）标注配合代号时，可在尺寸线的上方用分数形式标注，分子为孔的公差带代号，分母为轴的公差带代号，如图 8－19 所示。

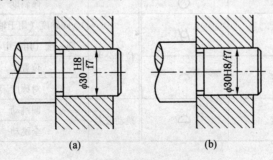

图 8－19 装配图中配合代号的标注方法

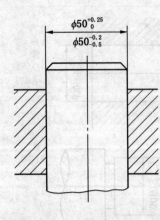

图 8-20 装配图中配合
零件的偏差标注

（2）在装配图中标注相配合零件的极限偏差时，一般将孔的公称尺寸和极限偏差注写在尺寸线的上方，轴的公称尺寸和极限偏差注写在尺寸线的下方，如图 8-20 所示。

三、几何公差（GB/T 1182—2008）

1. 几何公差的基本概念

零件在加工过程中，不仅会产生尺寸公差，还会产生几何形状和位置上的误差。从图 8-21 所示的销轴加工后的实际形状可以看出其轴线弯曲了，产生了形状误差。图 8-22 所示的加工阶梯轴出现了两段轴的轴线不在同一直线上的情况，产生了位置误差。

零件存在严重的几何形状和位置误差，造成机器装配困难，甚至无法装配，因此，对于零件的重要尺寸除给出尺寸公差外，还应根据设计要求，合理地确定出几何形状和位置误差的最大允许值。为此，国家标准规定了几何公差，以保证零件的加工质量。

图 8-21 圆柱的形状误差

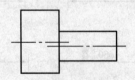

图 8-22 轴线的位置误差

几何公差包括形状公差和位置公差，就是指零件的实际形状和实际位置，相对于理想形状和理想位置的允许变动量。

2. 几何公差的几何特征和符号

几何公差的几何特征和符号见表 8-7。

表 8-7 几何公差的几何特征和符号

公差类型	几何特征	符号	公差类型	几何特征	符号
形状公差	直线度	—	方向公差	平行度	//
	平面度	▱		垂直度	⊥
	圆度	○		倾斜度	∠
	圆柱度	⌭	位置公差	同轴度（用于轴线）	◎
				同心度（用于中心点）	
形状方向或位置公差	线轮廓度	⌒		位置度	⊕
				对称度	=
	面轮廓度	⌓	跳动公差	圆跳动	↗
				全跳动	⌯

3. 几何公差的代号

几何公差的代号包括几何特征符号、公差框格和指引线、公差数值及有关符号、基准符号等，如图 8-23 所示。

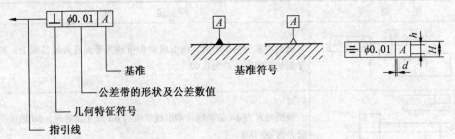

图 8-23 几何公差代号及基准符号

公差框格的线宽、框格高度、字体高度等的关系见表 8-8。

表 8-8 公差框格的线宽、框格高度及字体高度等的关系　　　mm

特　　征	推　荐　尺　寸						
框格高度 H	5	7	10	14	20	28	40
字体高度 h	2.5	3.5	5	7	10	14	20
直径 D	10	14	20	28	40	56	80
线条粗细 d	0.25	0.35	0.5	0.7	1	1.4	2

注：直径 D 为基准目标的尺寸。

公差框格的推荐宽度为：第一格等于框格高度，第二格与标注内容的长度相适应，第三格及以后各格也应与有关的字母尺寸相适应。

相对于被测要素的基准要素，由基准字母表示，字母标注在基准方格内，用一条细实线与一个涂黑或空白的三角形（两种形式同等含义）相连，形成基准符号，如图 8-23 所示。

4. 几何公差在图样上的标注（表 8-9）

（1）标注几何公差时，用带箭头的指引线将公差框格与被测要素相连。

（2）当基准要素或被测要素为轮廓线或表面时，将基准三角形及指引线箭头指到该要素的轮廓线、表面或它们的延长线上（应与尺寸线明显错开）；当基准要素或被测要素为轴线或中心平面或由带尺寸要素确定的点时，基准三角形及指引线箭头应与该要素的尺寸线的延长线重合。

表 8-9 几何公差的标注示例

图　　例	说　　明
⊥ φ0.01	指引线与尺寸线对齐，表示被测圆柱面的轴线必须位于直径为公差值 φ0.01 的圆柱面内
⊥ 0.01	指引线与尺寸线错开，表示被测圆柱面的任一素线必须位于距离为公差值 0.01 的两平行平面内

表 8-9（续）

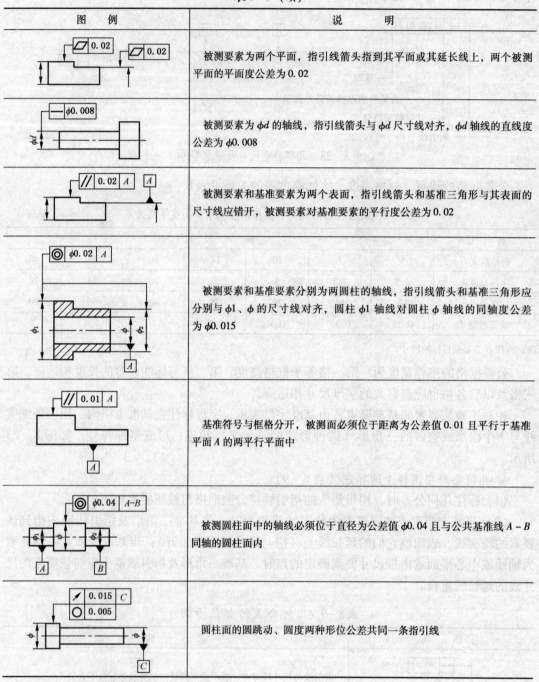

图　例	说　明
	被测要素为两个平面，指引线箭头指到其平面或其延长线上，两个被测平面的平面度公差为 0.02
	被测要素为 ϕd 的轴线，指引线箭头与 ϕd 尺寸线对齐，ϕd 轴线的直线度公差为 $\phi 0.008$
	被测要素和基准要素为两个表面，指引线箭头和基准三角形与其表面的尺寸线应错开，被测要素对基准要素的平行度公差为 0.02
	被测要素和基准要素分别为两圆柱的轴线，指引线箭头和基准三角形应分别与 $\phi 1$、ϕ 的尺寸线对齐，圆柱 $\phi 1$ 轴线对圆柱 ϕ 轴线的同轴度公差为 $\phi 0.015$
	基准符号与框格分开，被测面必须位于距离为公差值 0.01 且平行于基准平面 A 的两平行平面中
	被测圆柱面中的轴线必须位于直径为公差值 $\phi 0.04$ 且与公共基准线 $A-B$ 同轴的圆柱面内
	圆柱面的圆跳动、圆度两种形位公差共同一条指引线

第五节　绘 制 零 件 图

学会画零件图是工程技术人员必须掌握的基本技能之一，下面以图 8-24 所示阀体的轴测图来介绍绘制零件图的方法与步骤。

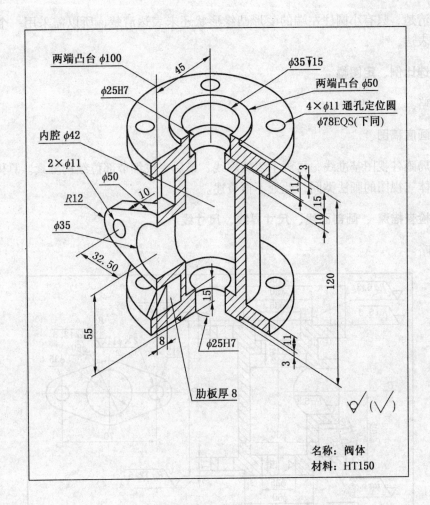

两端凸台 φ100

45

φ35▽15

φ25H7

两端凸台 φ50

4×φ11 通孔定位圆
φ78EQS(下同)

内腔 φ42

2×φ11

φ50

R12

10

φ35

32.50

3

11

15

10

120

55

15

8

φ25H7

3

11

肋板厚8

⎷ (⎷)

名称：阀体
材料：HT150

图 8-24 阀体

一、分析零件的结构，确定该零件的表达方法

1. 结构分析

零件的结构形状虽然有千差万别，但若根据它们在机器中的作用、加工方法和结构形状特征，大致可分为轴套、盘盖、叉架和箱体等4种类型。该阀体（图8-16）属于箱体类零件，结构形状较复杂。根据形体分析法可知，阀体主要由几个正交圆柱相贯而成，轴线为铅垂线的圆柱两端有圆形的法兰盘，其内部由4段直径不同的圆柱孔组成；轴线水平的圆柱端部有一菱形的凸缘，内部的圆柱孔也与竖着的圆柱孔相贯，在小圆柱的下方与大圆柱及底部法兰盘之间叠加一肋板。该阀体材料为灰口铸铁，毛坯为铸造件，经必要的机械加工而成。

2. 选择视图

应按阀体的工作位置来选择主视方向，并采用全剖视来表达其内部结构。为表达阀体的上、下两端法兰盘的形状和孔的分布情况，以及菱形凸缘的厚度和其内部孔的结构，且因该阀体具有对称性，俯视图采用半剖视图来表达。通过主视图、俯视图已将机件的主要结构表达清楚，只有小圆柱左端的菱形凸缘形状还未表达清楚，所以需采用一个 *B* 向局部视图来表达。

二、选比例、定图幅

内容略。

三、画底稿图

先布局画各视图基准线，再画主要轮廓线，最后完成细节部位结构要素。具体作图方法与组合体三视图的画法类同，此处不再赘述。

四、检查描深 、画剖面线、尺寸界线、尺寸线

内容略。

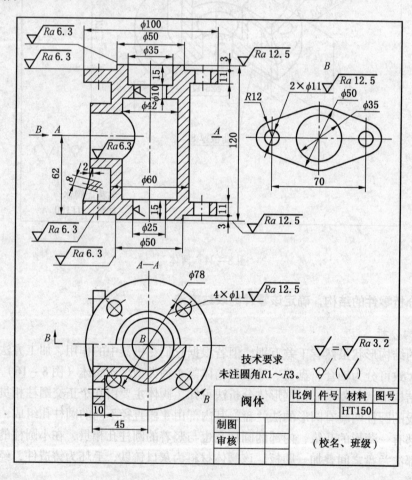

图 8-25　阀体零件图

五、标注尺寸数字、注写技术要求、填写标题栏

内容略。

六、检查，完成全图

如图 8－25 所示。

第六节 读 零 件 图

在加工、检验零件的过程中，需要看懂零件图。看图时，首先通过标题栏了解零件的名称、材料、绘图比例等内容；然后根据零件表达方案中各视图的投影关系，分析、想象出零件各部分的结构形状；通过分析零件图上的有关尺寸，了解零件各部分的大小和相对位置；通过代（符）号及文字说明，了解、分析零件在加工、检验中的有关技术要求。

通过以上问题的分析，在头脑中建立起一个完整具体的零件形象，从而理解设计意图，了解加工过程，达到看图的目的。下面结合图 8－26 所示的零件图，说明看零件图的一般方法和步骤。

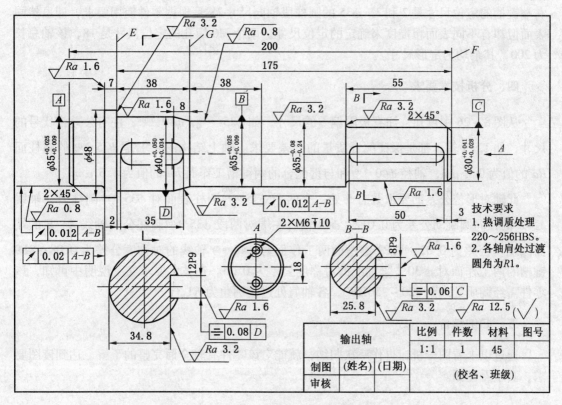

图 8－26 输出轴零件图

一、看标题栏、概括了解

该零件的名称是减速器的输出轴，属于轴套类零件。该零件的特点是由位于同一轴线上不同直径的回转体组成，它们长度方向的尺寸一般比回转体直径尺寸大。它用来支撑传动零件以传递动力，上面有键槽、圆角、倒角、中心孔等结构。材料为 45 号钢，绘图比例为 1：1。

二、分析表达方案、想象零件形状

该输出轴采用一个主视图，一个 A 向局部视图和两个移出断面图来表达。轴类零件主要在车床、磨床上加工，主视图按加工位置轴线水平放置，充分表达了该输出轴是由同一轴线上 5 段不同直径圆柱构成的结构。A 向局部视图主要表达轴的右端面上两个螺孔的大小和分布情况。两个移出断面图分别表达两轴段上键槽的深度和宽度，此外还表达了轴上的倒角、圆角等常见工艺结构。

三、分析尺寸

根据零件设计要求，轴线为径向尺寸的主要基准，轴向尺寸的主要基准是 $\phi48$ 轴肩右端面（E）。根据加工工艺要求确定轴的右端面为第一辅助基准（F）；第二辅助基准是 $\phi35$ 轴段左端面（G）。主要基准和两个辅助基准间的定位尺寸分别为 175 和 38，左端和右端键槽的定位尺寸是 2 和 3。$\phi35$ 的圆柱段轴向尺寸 38 是根据零件使用要求，即虽然同一表面但却有不同表面粗糙度来确定的定位尺寸。两个 M6 螺孔的定位尺寸是 18，该轴总长为 200，其余均为定形尺寸。

四、分析技术要求

从图 8 – 26 中可知，注有极限偏差的尺寸，如 $\phi35^{+0.025}_{-0.009}$、$\phi40^{+0.050}_{+0.034}$；注有公差带代号的尺寸，如 12P9 等，都是保证配合质量的公差要求。轴上结构的要求是 $\phi35^{+0.025}_{-0.009}$ 的圆柱面 Ra 的值为 0.8 μm，轴径 $\phi40^{+0.050}_{+0.034}$ 和与键配合的两键槽工作面 Ra 的值为 1.6 μm。

此轴对形位公差的要求共有 5 处，有两个 $\phi35^{+0.025}_{-0.009}$ 圆柱表面对 $\phi35^{+0.025}_{-0.009}$ 圆柱公共轴线 A、B 的径向圆跳动公差为 0.012；$\phi48$ 轴肩左端对两段 $\phi35^{+0.025}_{-0.009}$ 圆柱公共轴线 A、B 的端面圆跳动公差为 0.02；12P9 键槽的两工作面对 $\phi40^{+0.050}_{+0.034}$ 轴线的对称度公差为 0.08；8P9 键槽的两工作面对 $\phi30^{+0.041}_{+0.028}$ 轴线的对称度公差为 0.06。在技术要求文字说明中可知，该零件需经调质处理到 220～256HBS，各轴肩处过渡圆角为 R1。

五、归纳综合

通过以上看图分析，再作一次归纳，就能对该零件有较全面完整的了解，达到读图要求，真正看懂图。

复习思考题

1. 一张完整的零件图包含哪些内容？

2. 零件图上的技术要求包含哪些内容？

3. 表面粗糙度的定义以及 $\sqrt{Ra\,3.2}$ 的含义是什么？

4. 什么是配合，配合种类、配合制度？

5. 解释 $\phi35H8$、$\phi50f7$ 的含义，并查表确定其偏差数值。

6. 试写出孔 φ25H7 与轴 φ25n6 的配合代号，并说明其含义。

7. 几何公差的基本概念，说出几种常见的公差项目。

8. 读零件图的基本步骤是什么？

9. 主视图选择的基本原则有哪些？

第九章 装 配 图

第一节 概 述

一台较复杂的机器设备都是由若干个部件组成的，而部件又是由很多零件装配而成的。用来表达机器或部件的图样称为装配图。

1. 装配图的作用

在机器的设计过程中，一般要先根据设计要求画出装配图来表达机器或部件的工作原理、传动路线及零件间的装配关系，并通过装配图提供的总体结构和尺寸正确地绘制出零件图。在生产过程中，要根据装配图把零件装配成部件或机器。在使用和维修过程中，也要通过装配图了解机器或部件的结构性能、作用原理以便操作和维护。因此，装配图是设计、制造和使用机器以及进行技术交流的重要技术文件。

2. 装配图的内容

由图9-1所示的齿轮油泵装配图可以看出，一张完整的装配图应包括下列基本内容：

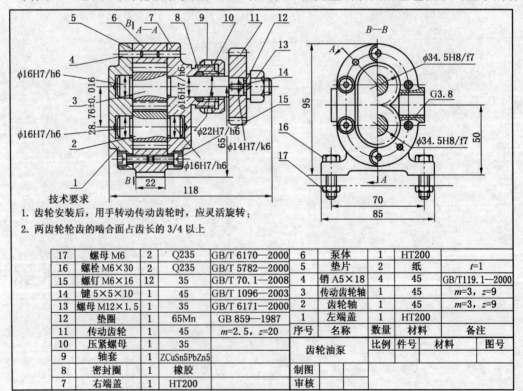

技术要求
1. 齿轮安装后，用手转动传动齿轮时，应灵活旋转；
2. 两齿轮轮齿的啮合面占齿长的3/4以上

17	螺母 M6	2	Q235	GB/T 6170—2000	6	泵体	1	HT200	
16	螺栓 M6×30	2	Q235	GB/T 5782—2000	5	垫片	2	纸	$t=1$
15	螺钉 M6×16	12	35	GB/T 70.1—2008	4	销 A5×18	4	45	GB/T119.1—2000
14	键 5×5×10	1	45	GB/T 1096—2003	3	传动齿轮轴	1	45	$m=3, z=9$
13	螺母 M12×1.5	1	35	GB/T 6171—2000	2	齿轮轴	1	45	$m=3, z=9$
12	垫圈	1	65Mn	GB 859—1987	1	左端盖	1	HT200	
11	传动齿轮	1	45	$m=2.5, z=20$	序号	名称	数量	材料	备注
10	压紧螺母	1	35		比例	件号		材料	图号
9	轴套	1	ZCuSn5PbZn5			齿轮油泵			
8	密封圈	1	橡胶		制图				
7	右端盖	1	HT200		审核				

图9-1 齿轮油泵装配图

（1）一组视图。用一组视图正确、完整、清晰地表达机器或部件的工作原理、各零件的装配关系和连接关系、传动路线以及零件的主要结构形状。

（2）必要的尺寸。用来表达机器或部件的性能、规格以及装配、检验、安装时所必需的一些尺寸。

（3）技术要求。用文字或符号说明机器或部件的性能、装配和调整要求、验收条件、试验和使用、维护规则等。

（4）零件的编号、明细栏和标题栏。为了便于生产组织和管理图样，在装配图上必须对每个零件标注序号并编制明细栏。明细栏说明机器或部件上各个零件的名称、序号、数量、材料及备注等。对零件编号的另一个作用是将明细栏与图样联系起来，看图时便于找到零件的位置。标题栏说明机器或部件的名称、比例、数量、图号及设计、制图者的签名等。

第二节　装配图的表达方法

零件图的各种表达方法在装配图中同样适用。但由于两者所表达的目的不同，即零件图需要清晰、完整地表达零件的结构形状；装配图则要表达机器或部件的工作原理和主要装配关系，把机器或部件的内部构造、外部形状和零件的主要结构形状表达清楚，不需要把每个零件的形状完全表达清楚。因此，针对装配图的图形特点，国家标准《机械制图》对装配图的表达方法做出了一些画法上的规定。

一、装配图的规定画法

（1）两相邻零件的接触表面和配合表面只画一条线；不接触表面或基本尺寸不相同时，即使间隙很小，也应画成两条线，如图9-2所示。

（2）两个或两个以上金属零件相邻时，剖面线的倾斜方向应相反，或者方向一致但间隔不同。同一零件在各视图中的剖面线方向和间隔必须一致，如图9-3所示。

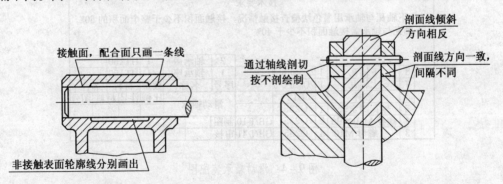

图9-2　接触面与非接触面画法　　　　图9-3　装配图中剖面线画法

（3）为了简化作图，在剖视图中，对标准件（螺栓、螺母、销、键等）和实心零件（轴、拉杆、手柄、球等），若剖切平面纵向剖切，且通过其轴线或对称面时，这些零件均按不剖绘制。如图9-1所示的齿轮油泵其图上的齿轮轴2、传动齿轮轴3、销4、螺钉5和螺栓16。

二、装配图的特殊画法

1. 拆卸画法

当某个或几个零件在某一视图中遮住了需要表达的零件时，可假想将某些零件拆卸后绘图，需要说明时加注"拆去××等"，如图9-4中滑动轴承的俯视图拆去了轴承盖、上轴衬等。

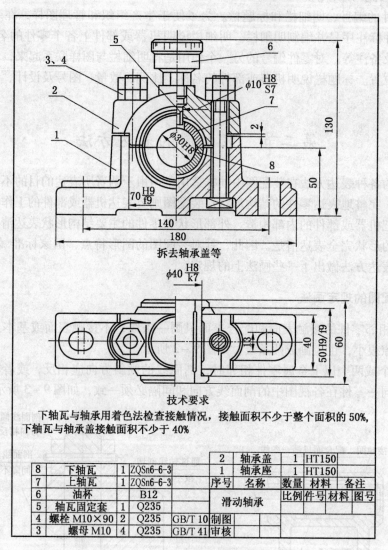

图9-4 滑动轴承装配图

2. 结合面剖切画法

为了表达内部结构，可假想沿某些零件的结合面进行剖切。要注意结合面上不画剖面符号，但被剖切到的其他零件则必须画出剖面线，如图9-1所示的齿轮泵左视图，它是沿泵体6与垫片5的结合面剖切画出的半剖视图，泵体结合面上不画剖面线，被横向剖切的齿轮轴2、3以及销钉4、螺钉15均要画出剖面线。

3. 单独表达某零件的画法

在装配图中若有少数零件的某些方面还没有表达清楚，可以用视图、剖视或剖面单独画出这些零件，但必须对该图形进行标注。

4. 假想画法

在装配图中，运动零件的变动和极限状态，用双点画线表示。当需要表达相邻部件的装配关系时也可将与其相邻的零、部件的轮廓用双点画线画出，如图9-5所示。

5. 夸大画法

在装配图中，当遇到薄片零件、细丝弹簧或较小的斜度和锥度等情况时无法按其实际尺寸画出，或虽能画出，但不能明显地表达出其结构，此时可采用夸大画法。如图9-6中的垫片。

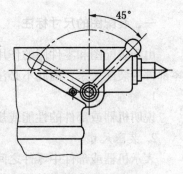

图9-5　运动极限位置表示法

6. 简化画法（图9-6）

（1）在装配图中如螺栓连接等若干相同的零件组，可以仅详细地画出一组，其余只需用细点画线表示其中心位置。

（2）装配图中的滚动轴承，可以采用简化画法。

（3）在装配图中，零件的工艺结构，如倒角、圆角、退刀槽等可省略不画。

7. 展开画法

为了表达传动结构的传动路线和装配关系，可假想按传动顺序沿轴线剖切，然后依次展开画在同一平面上得到其剖视图，标注时"×-×"后面加上"展开"二字，如图9-7所示。

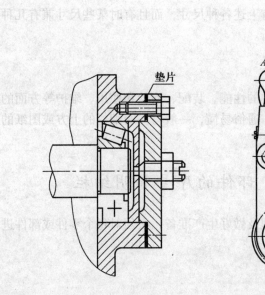

图9-6　简化画法

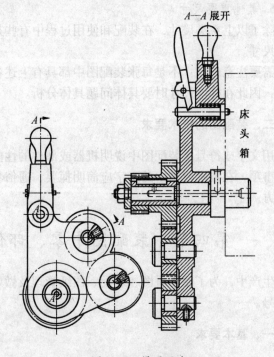

图9-7　展开画法

第三节　装配图的尺寸标注和技术要求

一、装配图的尺寸标注

由于装配图和零件图的作用不同，在零件图上的尺寸必须完整，而装配图主要是表达零部件的装配关系，因此不必注出零件的全部尺寸，一般只需标注以下几类尺寸：

1. 特征尺寸

说明机器或部件的性能或规格的尺寸，它是设计和选用机器的依据。

2. 装配尺寸

表示机器或部件中零件之间装配关系的尺寸。它包括表示两个零件之间配合性质的配合尺寸；表示装配时零件间比较重要的相对位置尺寸。有时，一些零件装配在一起后才能进行加工，这时装配图上也要标注出零件装配时加工尺寸。如图 9 - 1 中 ϕ16H7/h6 和 ϕ22H7/h6 等属于装配尺寸。

3. 安装尺寸

表示将机器或部件安装在地基上或与其他零部件连接时所需要的尺寸，如图 9 - 1 左视图中的 50。

4. 外形尺寸

表示机器或部件的总长、总宽和总高的尺寸。它反映了机器或部件的大小，是机器或部件在包装、运输及安装时所占空间大小的依据。如图 9 - 1 中 118、85 和 95 属外形尺寸。

5. 其他重要尺寸

除了以上 4 类尺寸，在装配和使用过程中有些是必须说明的尺寸，如表示运动零件的位移尺寸。

需要注意的是：不是每张装配图中都具有上述各种尺寸，而且有时某些尺寸兼有几种含义，因此在标注尺寸时要具体问题具体分析。

二、装配图的技术要求

用文字或符号在装配图中说明机器或部件的性能、装配、检验和使用、维护等方面的注意事项，在技术要求中的文字应简明扼要，通俗易懂，一般写在明细栏的上方或图纸的左下方。

第四节　装配图中零、部件的序号和明细栏

生产中，为了便于看图、装配、图纸管理及做好生产准备，必须对每个零件或部件进行编号。

一、基本要求

（1）对于每一个零部件，无论在各视图上出现的次数多少，可只编一个序号。

（2）形状和尺寸完全相同的多个零、部件应采用同一个序号，一般只标注一次；多处出现的相同零、部件，必要时也可重复标注。

（3）明细栏（表）中的序号应与装配图的图形上编写的零、部件的序号相一致，这样便于了解该零、部件的名称、材料等内容，所以应先在图形上编序号，然后填写明细栏（表），如图9-1所示。

二、序号的编排方法和注意事项

装配图中零、部件的序号一般由指引线、圆点、水平基准线（或圆）和序号数字组成，其中指引线、水平基准线（或圆）均为细实线，其编排方法有下列两种：

（1）在水平基准线上或圆内注写序号，其字号比装配图中所注尺寸数字的字号大一号（图9-8a）或两号（图9-8b）。

（2）在指引线非零件端的附近注写序号，其字号比装配图中所注尺寸数字的字号大一号或两号，如图9-8c所示。

（3）指引线应自所编序号的零、部件可见轮廓内引出，并在末端画一圆点，如图9-8所示。若所指部分是很薄的零件或涂黑的剖面不便画圆点时，可在指引线的末端画出箭头指向该部分的轮廓，如图9-9所示。

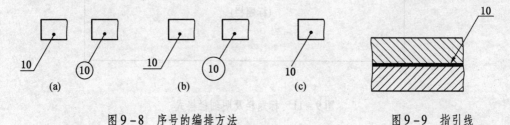

图9-8 序号的编排方法　　　　图9-9 指引线

（4）指引线需要时可画成折线，但只可弯折一次。

（5）指引线不能相交。当指引线通过剖面线的区域时，不应与剖面线平行。

（6）一组紧固件以及装配关系清楚的零件组，可采用公共指引线，序号的标注形式如图9-10所示。

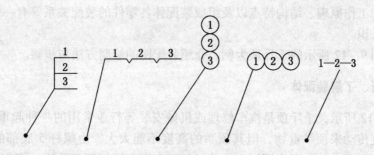

图9-10 零件组序号

对同一装配图，标注序号的形式应一致（如指引线末端为水平基准线还是圆）。

装配图中序号的编排应按水平或垂直方向排列整齐，顺序分明。为保证排列有顺序，可按顺时针或逆时针方向顺次排列，在整个图上无法连续时，可只在每个水平或竖直方向按顺序排列。也可以按装配图明细栏或明细表中的序号排列，这时应尽量在每个水平或竖直方向顺次序排列。

三、明细栏

明细栏配置在标题栏上方，按自下向上的顺序填写；当位置不够用时，可紧靠在标题栏的左侧由下向上延续。

明细栏是装配图中全部零件的详细目录。一般由序号、代号、名称、数量、材料、备注等组成，也可按实际需要增减项目。明细栏的格式和尺寸如图9－11所示。

图9－11 标题栏及明细栏格式

第五节 画 装 配 图

装配图的形成，一是对新产品的设计构思而绘制的装配图；二是通过对现有机器（部件）进行测绘而绘制的装配图。无论是前者还是后者，在画装配图前，都必须对该装配体的功用、工作原理、结构特点以及组成装配体各零件的装配关系等有一个全面的、充分的了解和认识。

下面以图9－12所示的千斤顶为例，介绍装配图的绘制方法与步骤。

一、分析、了解装配体

如图9－12所示，千斤顶是汽车修理或机械安装等行业常用的一种起重或顶压工具。它是利用螺旋传动来顶举重物，但其顶举的高度不能太大，由螺杆5底部的挡圈9来控制，为防止两者分离，由沉头螺钉8连接。绞杠3穿在螺杆顶部孔中，螺套6镶在底座7里，并用螺钉4紧定。当转动螺杆5时，由于螺纹的作用，螺杆上下移动，通过顶垫1将重物顶起或落下。顶垫套在螺杆的球面形顶部，为了防止顶垫随螺杆一起转动且不脱落，在螺杆顶部加工一环形槽，将紧定螺钉2的端部伸进槽里锁住。

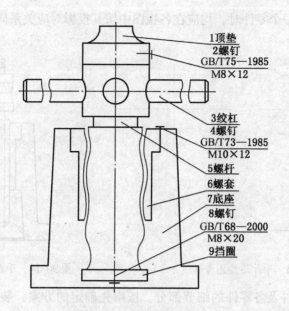

图9-12 千斤顶装配示意图

标注 1顶垫
2螺钉
GB/T75—1985
M8×12

3绞杠
4螺钉
GB/T73—1985
M10×12
5螺杆
6螺套
7底座
8螺钉
GB/T68—2000
M8×20
9挡圈

二、确定表达方案

1. 主视图的选择

主视图的选择要遵循两个原则：一是确定其安放位置，常按装配体或部件的工作位置放置，有时将主要轴线或主要安装面放成水平位置；二是确定其投射方向，应使主视图最能充分反映出机器或部件的装配关系、工作原理、传动路线及结构特点，重点放在反映装配关系上，如图9-17所示的主视图表达方案。

2. 其他视图的选择

其他视图主要是补充表达哪些在主视图中尚未表达清楚或表达不够清楚的地方。有时也要考虑读图的方便，一般情况下，部件中的每一种零件至少应在视图中出现一次。具体选择时，应尽可能选择用基本视图及剖视图来表达在主视图中尚未表达的内容。如图9-17所示的 A-A 剖视图，用于进一步反映底座和螺杆的结构形状。

三、画图步骤

在考虑表达方案时，一般可先绘制装配草图，经审查修改后方可画工作图。装配图画图步骤如下：

1. 定比例、选图幅、合理布局

画图的比例和图幅大小，应根据机器或部件的实际大小、复杂程度及所确定的表达方案来定，同时还要考虑标题栏、明细栏、编写零件序号、标注尺寸等所占的位置。

画边框、标题栏和明细栏的范围线。视图布局通过画装配体的基准面、基准线来安排，在图纸上画出各基本视图的主要中心线和基准线，如图9-13所示。

2. 画底稿图

（1）画主要零件和较大零件的轮廓（如图9-14所示，依次画底座7、螺套6、螺钉

4 和螺杆 5）。画每一个零件时，均应在各视图中按其投影对应关系同时进行。

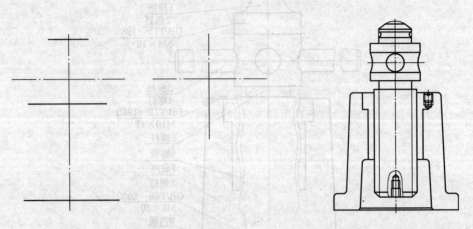

图 9 – 13　千斤顶绘图步骤（一）　　　　　图 9 – 14　千斤顶绘图步骤（二）

（2）画其他零件及各零件的细节部分。按事先确定的方案、装配关系及零件的相对位置，逐个画出其他零件（依次画挡圈 9、螺钉 8、顶垫 1、螺钉 2，如图 9 – 15 所示；最后画绞杠 3，从而完成各视图底稿，如图 9 – 16 所示）。

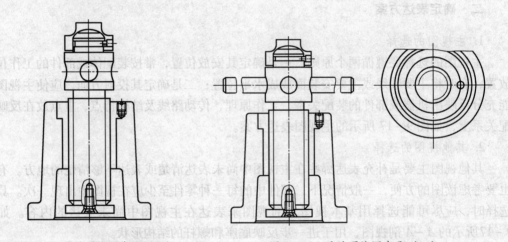

图 9 – 15　千斤顶绘图步骤（三）　　　图 9 – 16　千斤顶绘图步骤（四）

画图时，一般先从主视图入手，配合其他视图画出底稿图，这样可提高绘图速度，减少作图误差。

画底稿图时，可围绕各条装配干线（由装配关系较密切的一组零件组成）"由里向外画"或"由外向里画"画。

所谓"由里向外画"，是从装配体（或部件）内部的主要装配干线出发，逐次向外扩展，这样被挡住零件的可见轮廓线可以不画，免画多余的图线。

所谓"由外向里画"，是从主要零件开始画起，逐次向里画出各个零件。其优点是便于考虑整体的合理布局。

（3）检查所画视图，加深图线，画剖面线。

（4）标注尺寸、编写序号、填写明细栏、标题栏、写出技术要求等，并对完成的图形进行全面校核（完成的装配图如图9-17所示）。

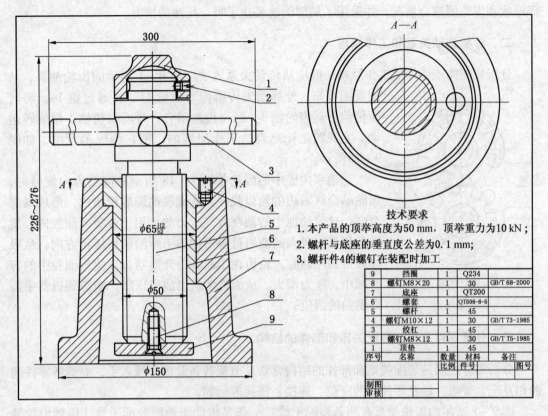

技术要求

1. 本产品的顶举高度为50 mm，顶举重力为10 kN；
2. 螺杆与底座的垂直度公差为0.1 mm；
3. 螺杆件4的螺钉在装配时加工

9	挡圈	1	Q234	
8	螺钉M8×20	1	30	GB/T 68-2000
7	底座	1	QT200	
6	螺套	1	QT506-6-5	
5	螺杆	1	45	
4	螺钉M10×12	1	30	GB/T 73-1985
3	绞杠	1	45	
2	螺钉M8×12	1	30	GB/T 75-1985
1	顶垫	1	45	
序号	名称	数量	材料	备注
	比例		件号	图号
制图				
审核				

图9-17　千斤顶装配图

第六节　读 装 配 图

　　机器或部件的设计、装配、维修以及技术交流过程中，都要依据装配图进行，所以作为工程技术人员必须具备读装配图的能力。读装配图就是要了解部件或机器的性能、功用和工作原理，弄清各个零件的作用和它们之间的相对位置、装配关系以及拆装顺序，看懂各零件的主要结构形状和作用。

　　现以图9-1所示的齿轮油泵装配图为例，介绍读装配图的方法和步骤。

一、概括了解、分析表达方案

　　通过看标题栏、明细栏、产品说明书和其他有关技术资料，了解该机器或部件的名称、性能、用途和工作原理。此外还要弄清装配图上的视图表达方案或各视图的表达重点。

　　如图9-1所示，从标题栏名称中可知该装配图是一张齿轮油泵的装配图，齿轮油泵是机器中用来输送润滑油的一个部件。从序号和明细栏中可知它由泵体、左右端盖、运动零件（齿轮轴、传动齿轮轴、传动齿轮等）、密封零件、标准件等17种零件装配而成。

　　整个装配图采用了两个视图表达，主视图是用两相交的剖切平面得到的全剖视图，它表达了齿轮油泵的主要装配关系。左视图是沿垫片和泵体的结合面剖切，表达了油泵的外部形状和齿轮的啮合情况，并采用了局部剖视表达了吸、压油的情况。

二、分析传动关系和工作原理

分析装配体或部件的工作原理一般应从传动关系入手。图 9 − 1 所示的齿轮油泵，从主视图可知，外部动力传给传动齿轮 11，再通过键 14，将转矩传给传动齿轮轴 3，经过齿轮啮合，带动齿轮轴 1 做旋转运动。左视图是补充表达工作原理的，把它画成示意图，如图 9 − 18 所示。

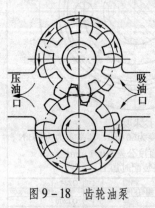

图 9 − 18　齿轮油泵
工作原理图

当油泵内腔中的齿轮按图 9 − 18 所示的箭头方向旋转时，齿轮啮合区右边的轮齿脱开，造成吸油腔容积增大，形成局部真空，这时油池中的油在大气压力的作用下被吸入油腔内。旋转的齿轮将吸入的油通过齿槽把油不断沿箭头所示方向，从吸油腔带到压油腔。轮齿在压油腔中开始啮合，使压油腔中的容积减小，压力增大，从而将油从出油口压出，输送到机器中需要供油的部位。

三、分析零件之间的装配关系和部件的结构

分析零件之间的装配关系和部件的结构常常从分析各条装配干线入手，弄清各零件间的相互配合要求，以及零件间的定位、连接、密封等问题。

图 9 − 1 所示的齿轮油泵有两条装配干线：一条是传动齿轮轴装配干线，传动齿轮轴 3 装在泵体 6 和左、右端盖 1、7 的轴孔内，右边伸出端装有密封圈 8、轴套 9、压紧螺母 10、传动齿轮 11、键 14、弹簧垫圈 12 及螺母 13；另一条是齿轮轴装配干线，齿轮轴 2 装在泵体 6 和左、右端盖 1、7 的轴孔内，与传动齿轮轴中的齿轮相啮合。

部件的结构分析如下：

1. 连接与固定方式

泵体与左、右端盖由销 4 定位后，再用螺钉 15 将它们连成一体。传动齿轮轴与齿轮轴通过两齿轮端面与左端盖 1 内侧和泵体 6 内腔的底面接触而定位，传动齿轮轴上的传动齿轮 11 靠键 14 与轴连接，并通过弹簧垫圈 12 和螺母 13 固定。

2. 配合关系

根据零件在部件中的作用和要求，应注出相应的公差带代号。例如，传动齿轮 11 要带动齿轮轴 3 一起转动，除了靠键把两者连成一体外，还须定出相应的配合，从图中可知，它们之间的配合尺寸是 $\phi 14\,\dfrac{H7}{k6}$，两轴与左、右端盖支撑处的配合尺寸均为 $\phi 16\,\dfrac{H7}{h6}$，轴套与右端盖的配合尺寸是 $\phi 22\,\dfrac{H7}{h6}$，两齿轮轴的齿顶圆与泵体内腔的配合尺寸均为 $\phi 34.5\,\dfrac{H8}{f7}$。

3. 密封结构

传动齿轮轴 3 的伸出端有密封圈 8，通过轴套 9 压紧后，再用压紧螺母 10 锁紧。此

外，左、右端盖与泵体连接时，垫片 5 被压紧，也起密封作用。

四、分析零件的结构形状

搞清部件的工作原理和装配关系，实际上离不开零件的结构形状，一旦读懂了零件的形状结构，又可加深对工作原理和装配关系的理解。读图时，利用同一零件在不同的视图上剖面线方向与间隔一致的规定，对照投影关系以及与相邻零件的装配情况，就能逐步想象出各零件的主要结构形状。分析时一般从主要零件开始，再看次要零件。齿轮油泵的主要零件是传动齿轮轴、泵体、左右端盖，只要想象出它们的结构形状，其他零件也就容易读懂了。

五、归纳总结

在以上分析的基础上，综合分析装配体的工作原理、传动路线以及拆装顺序，完善构思，就能想象出总体的结构形状。图 9-19 所示为齿轮油泵的轴测分解图。

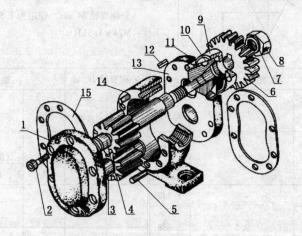

1—左端盖；2—圆柱头内六角螺钉；3—齿轮轴；4—传动齿轮轴；5—圆柱销；
6—传动齿轮；7—垫圈；8—螺母；9—压紧螺母；10—轴套；11—密封圈；
12—键；13—右端盖；14—泵体；15—垫片

图 9-19 齿轮油泵分解图

以上读图的步骤与方法仅是概括性说明，实际在读装配图时，几个步骤不能截然分开，而应交替进行，灵活掌握。

附 录

附表 1 普通螺纹的公称直径和螺距（摘自 GB/T 193—2003、GB/T 196—2003）　mm

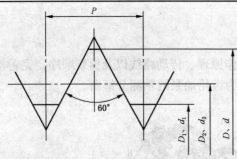

标 记 示 例

公称直径 24 mm，螺距为 3 mm 的粗牙右旋普通螺纹：M24

公称直径 24 mm，螺距为 1.5 mm 的细牙左旋普通螺纹：M24×1.5LH

公称直径 D、d		螺 距 P		粗牙小径 D_1、d_1	公称直径 D、d		螺 距 P		粗牙小径 D_1、d_1
第一系列	第二系列	粗牙	细 牙		第一系列	第二系列	粗牙	细 牙	
3		0.5	0.35	2.459		22	2.5	2, 1.5, 1, (0.75), (0.5)	19.294
	3.5	(0.6)		2.850	24		3	2, 1.5, 1, (0.75)	20.752
4		0.7		3.242		27	3	2, 1.5, 1, (0.75)	23.752
	4.5	(0.75)	0.5	3.688	30		3.5	(3), 2, 1.5, (1), (0.75)	26.211
5		0.8		4.134		33	3.5	(3), 2, 1.5, (1), (0.75)	29.211
6		1	0.75, (0.5)	4.917	36		4	3, 2, 1.5, (1)	31.670
8		1.25	1, 0.75, (0.5)	6.647	39		4		34.670
10		1.5	1.25, 1, 0.75, (0.5)	8.376	42		4.5		37.129
12		1.75	1.5, 1.25, 1, (0.75), (0.5)	10.106		45	4.5	(4), 3, 2, 1.5, (1)	40.129
	14	2	1.5, (1.25), 1, (0.75), (0.5)	11.835	48		5		42.587
16		2	1.5, 1, (0.75), (0.5)	13.835		52	5		46.587
	18	2.5	2, 1.5, 1, (0.75), (0.5)	15.294	56		5.5	4, 3, 2, 1.5, (1)	50.046
20		2.5		17.294					

注：1. 优先选用第一系列，其次是第二系列，第三系列未列入。

　　2. 括号内尺寸尽可能不用。

　　3. M14×1.25 仅用于火花塞，M35×1.5 仅用于滚动轴承锁紧螺母。

附表2　非螺纹密封的圆柱管螺纹（摘自 GB/T 7307—2001）　　mm

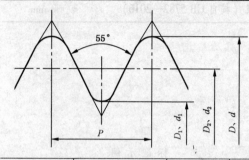

标 记 示 例

尺寸代号1，内螺纹：G1$\frac{1}{2}$

尺寸代号1$\frac{1}{2}$，A级外螺纹：$\frac{1}{2}$G1$\frac{1}{2}$A

尺寸代号1$\frac{1}{2}$，B级外螺纹，左旋：G1$\frac{1}{2}$

B－LH

尺寸代号	每25.4 mm 内的牙数 n	螺距 P	牙高 h	圆弧半径 $r\approx$	基 本 直 径		
					大径 $d=D$	中径 $d_2=D_2$	小径 $d_1=D_1$
1/16	28	0.907	0.581	0.125	7.723	7.142	6.561
1/8	28	0.907	0.581	0.125	9.728	9.147	8.566
1/4	19	1.337	0.856	0.184	13.157	12.301	11.445
3/8	19	1.337	0.856	0.184	16.662	15.806	14.950
1/2	14	1.814	1.162	0.249	20.955	19.793	18.631
5/8	14	1.814	1.162	0.249	22.911	21.749	20.587
3/4	14	1.814	1.162	0.249	26.441	25.279	24.117
7/8	14	1.814	1.162	0.249	30.201	29.039	27.877
1	11	2.309	1.479	0.317	33.249	31.770	30.291
1$\frac{1}{2}$	11	2.309	1.479	0.317	37.897	36.418	34.939
1$\frac{1}{4}$	11	2.309	1.479	0.317	41.910	40.431	38.952
1$\frac{1}{2}$	11	2.309	1.479	0.317	47.803	46.324	44.845
1$\frac{3}{4}$	11	2.309	1.479	0.317	53.746	52.267	50.788
2	11	2.309	1.479	0.317	59.614	58.135	56.656
2$\frac{1}{4}$	11	2.309	1.479	0.317	65.710	64.231	62.752
2$\frac{1}{2}$	11	2.309	1.479	0.317	75.184	73.705	72.226
2$\frac{3}{4}$	11	2.309	1.479	0.317	81.534	80.055	78.576
3	11	2.309	1.479	0.317	87.884	86.405	84.926
3$\frac{1}{2}$	11	2.309	1.479	0.317	100.330	98.851	97.372
4	11	2.309	1.479	0.317	113.030	111.551	110.072
4$\frac{1}{2}$	11	2.309	1.479	0.317	125.730	124.251	122.772
5	11	2.309	1.479	0.317	138.430	136.951	135.472
5$\frac{1}{2}$	11	2.309	1.479	0.317	151.130	149.651	148.172
6	11	2.309	1.479	0.317	163.830	162.351	160.872

附表 3 六角头螺栓 – A 级和 B 级（摘自 GB 5782—2016）　　　　mm

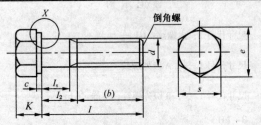

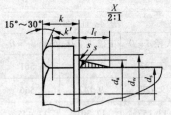

$$l_{gmax} = l_{公称} - b_{参考}$$

$$l_{gmin} = l_{gmax} - 5P$$

P—螺距

标 记 示 例

螺纹规格 d = M12，公称长度 l = 80 mm，性能等级为 8.8 级，表面氧化，A 级的六角螺栓：螺栓 GB 5782 – 86 M12 × 18

螺 纹 规 格 d				M5	M6	M8	M10	M12	M16	M20	M24	M30
b 参考	$l < 125$			16	18	22	26	30	38	46	54	66
	$125 < l < 200$			—	—	28	32	36	44	52	60	72
	$l < 200$			—	—	—	—	—	57	65	73	85
c	min			0.15	0.15	0.15	0.15	0.15	0.2	0.2	0.2	0.2
	max			0.5	0.5	0.6	0.6	0.6	0.8	0.8	0.8	0.8
d_a	max			5.7	6.8	9.2	11.2	13.7	17.7	22.4	26.4	33.4
d_s	max			5	6	8	10	12	16	20	24	30
	min	产品	A	4.82	5.82	7.78	9.78	11.73	15.73	19.67	23.67	—
		等级	B	4.70	5.70	7.64	9.64	11.57	15.57	19.48	23.48	29.48
d_w	min	产品	A	6.9	8.9	11.6	14.6	16.6	22.5	28.2	33.6	—
		等级	B	6.7	8.7	11.4	14.4	16.4	22	27.7	33.2	42.7
e	min	产品	A	8.79	11.05	14.38	17.77	20.03	26.75	33.53	39.98	—
		等级	B	8.63	10.89	14.20	17.59	19.85	26.17	32.95	39.55	50.85
l_f	max			1.2	1.4	2	2	3	3	4	4	6
k	公　称			3.5	4	5.3	6.4	7.5	10	12.5	15	18.7
	产品 等级	A	min	3.35	3.85	5.15	6.22	7.32	9.82	12.28	14.78	—
			max	3.65	4.15	5.45	6.58	7.68	10.18	12.72	15.22	—
		B	min	3.26	3.76	5.06	6.11	7.21	9.71	12.15	14.65	18.28
			max	3.74	4.24	5.54	6.69	7.79	10.29	12.85	15.35	19.12

附表3（续）　　　　　　　　　mm

螺纹规格 d				M5	M6	M8	M10	M12	M16	M20	M24	M30
k'	min	产品 等级	A	2.3	2.7	3.6	4.4	5.1	6.9	8.6	10.3	—
			B	2.3	2.6	3.5	4.3	5	6.8	8.5	10.2	12.8
r	min			0.2	0.25	0.4	0.4	0.6	0.6	0.8	0.8	1
s	max = 公称			8	10	13	16	18	24	30	36	46
	min	产品 等级	A	7.78	9.78	12.73	15.73	17.73	23.67	29.67	35.38	—
			B	7.64	9.64	12.57	15.57	17.57	23.16	29.16	35	45
l				25~50	30~36	35~80	40~100	45~120	55~160	65~200	80~240	90~300

附表4　Ⅰ型六角螺母—A级和B级（摘自 GB 6170—2015）　　　mm

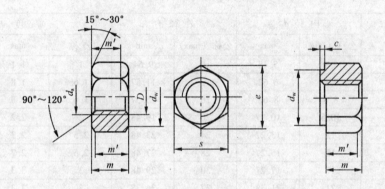

标　记　示　例

螺纹规格 d = M12、性能等级为10级、不经表面处理、A级的Ⅰ型六角螺母：螺母 GB 6170—86　M12

螺纹规格 d		M4	M5	M6	M8	M10	M12	M16	M20	M24
c	max	0.4	0.5	0.5	0.6	0.6	0.6	0.8	0.8	0.8
d_a	max	4.6	5.75	6.75	8.75	10.8	13	17.30	21.6	25.9
	min	4	5	6	8	10	12	16	20	24
d_w	min	5.9	6.9	8.9	11.6	14.6	16.6	22.5	27.7	33.2
e	min	7.66	8.79	11.05	14.38	17.77	20.03	26.75	32.95	39.55
m	max	3.2	4.7	5.2	6.8	8.4	10.8	14.8	18	21.5
	min	2.9	4.4	4.9	6.44	8.04	10.37	14.1	16.9	20.2
m'	min	2.3	3.5	3.9	5.1	6.4	8.3	11.3	13.5	16.2
m''	min	2	3.1	3.4	4.5	5.6	7.3	9.9	11.8	14.1
s	max	7	8	10	13	16	18	24	30	36
	min	6.78	7.78	9.78	12.73	15.73	17.73	23.67	29.16	35

注：1. A级用于 $D \leqslant 16$ 的螺母；B级用于 $D > 16$ 的螺母。

2. 螺纹规格为 M8~M64、细牙、A级和B级的Ⅰ型六角螺母，请查阅 GB/T 6171—2016。

附表 5　垫　　圈　　　　　　　　　　　　　　　　　mm

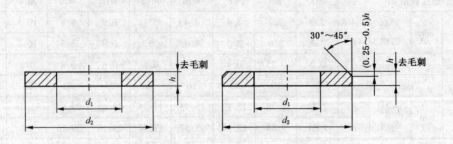

标 记 示 例

标准系列、公称尺寸 $d = 8$ mm、性能等级为 140HV 级、不经表面处理的平垫圈：垫圈 GB 97.1—2002　8 – 140HV

标准系列、公称尺寸 $d = 8$ mm、性能等级为 140HV 级、倒角型、不经表面处理的平垫圈：垫圈 GB 97.2—2002
8 – 140HV

公称尺寸	内 径 d_1		外 径 d_2		厚 度 h		
（螺纹规格 d）	公称（min）	max	公称（max）	min	公称	max	min
5	5.3	5.48	10	9.64	1	1.1	0.9
6	6.4	6.62	12	11.57	1.6	1.8	1.4
8	8.4	8.62	16	15.57	1.6	1.8	1.4
10	10.5	10.77	20	19.48	2	2.2	1.8
12	13	13.27	24	23.48	2.5	2.7	2.3
14	15	15.27	28	27.48	2.5	2.7	2.3
16	17	17.27	30	29.48	3	3.3	2.7
20	21	21.33	37	36.38	3	3.3	2.7
24	25	25.33	44	43.38	4	4.3	3.7
30	31	31.39	56	55.26	4	4.3	3.7
36	37	37.62	66	64.8	5	5.6	4.4

附表 6　弹 簧 垫 圈　　　　　　　　　　　　　　　　mm

标准型弹簧垫圈（GB/T 93—1987）　　　　　　轻型弹簧垫圈（GB 859—1987）

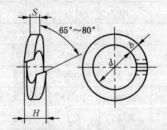 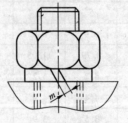

标 记 示 例

规格 16 mm、材料为 65Mn、表面氧化的标准型弹簧垫圈：垫圈 GB/T 93—1987　16

规格（螺纹大径）	3	4	5	6	8	10	12	(14)	16	(18)	20	(22)	24	(27)	30
d	3.1	4.1	5.1	6.1	8.1	10.2	12.2	14.2	16.2	18.2	20.2	22.5	24.5	27.5	30.5

附表6（续）

mm

规格（螺纹大径）		3	4	5	6	8	10	12	(14)	16	(18)	20	(22)	24	(27)	30
H	GB 93—1987	1.6	2.2	2.6	3.2	4.2	5.2	6.2	7.2	8.2	9	10	11	12	13.6	15
	GB 859—1987	1.2	1.6	2.2	2.6	3.2	4	5	6	6.4	7.2	8	9	10	11	12
$S(b)$ 公称	GB 93—1987	0.8	1.1	1.3	1.6	2.1	2.6	3.1	3.6	4.1	4.5	5	5.5	6	6.8	7.5
S 公称	GB 859—1987	0.6	0.8	1.1	1.3	1.6	2	2.5	3	3.2	3.6	4	4.5	5	5.5	6
$m \leqslant$	GB 93—1987	0.4	0.55	0.65	0.8	1.05	1.3	1.55	1.8	2.05	2.25	2.5	2.75	3	3.4	3.75
	GB 859—1987	0.3	0.4	0.55	0.65	0.8	1	1.25	1.5	1.6	1.8	2	2.25	2.5	2.75	3
b 公称	GB 859—1987	1	1.2	1.5	2	2.5	3	3.5	4	4.5	5	5.5	6	7	8	9

注：1. 括号内的规格尽可能不采用。

2. m 应大于零。

附表7　圆柱销（摘自 GB/T 119.1—2000）

mm

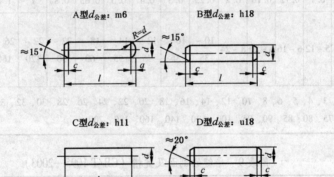

标　记　示　例

公称直径 $d = 8$ mm、长度 $l = 30$ mm、材料 35 钢、热处理硬度 28～38HRC、表面氧化处理的 A 型圆柱销：销
GB/T 119.1　A8×30

公称直径 $d = 8$ mm、长度 $l = 30$ mm、材料 35 钢、热处理硬度 28～38HRC、表面氧化处理的 B 型圆柱销：销
GB/T 119.1　8×30

d 公称	2	2.5	3	4	5	6	8	10	12	16	20
$a \approx$	0.25	0.30	0.40	0.50	0.63	0.80	1.0	1.2	1.6	2.0	2.5
$c \approx$	0.35	0.40	0.50	0.63	0.80	1.2	1.6	2.0	2.5	3.0	3.5
l（商品范围）	6～20	6～24	8～30	8～40	10～50	12～60	14～80	18～95	22～140	26～1800	35～200
L 系列	6、8、10、12、14、16、18、20、22、24、26、28、30、32、35、40、45、50、55、60、65、70、75、80、85、90、95、100、120、140、160、180、200										

附表8　圆锥销（摘自 GB/T 117—2000）　　　　　　　　　　　　　　mm

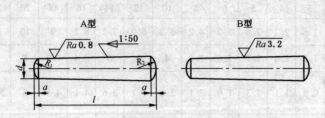

$$R_1 \approx d \quad R_2 \approx d + (l - 2a/50)$$

标　记　示　例

公称直径 $d = 10$ mm、长度 $l = 60$ mm、材料35钢、热处理硬度 $28 \sim 38$HRC、表面氧化处理的 A 型圆锥销：销
GB/T 117　A10×60

	公称	0.6	0.8	1	1.2	1.5	2	2.5	3	4	5	6	8	10	12	16	20	25
d	min	0.56	0.76	0.96	1.16	1.46	1.96	2.46	2.96	3.95	4.95	5.95	7.94	9.94	11.93	15.93	19.92	24.92
	max	0.6	0.8	1	1.2	1.5	2	2.5	3	4	5	6	8	10	12	16	20	25
$a \approx$		0.08	0.1	0.12	0.16	0.2	0.25	0.3	0.4	0.5	0.63	0.8	1	1.2	1.6	2	2.5	3
l（商品规格范围公称长度）		4~8	5~12	6~16	6~20	8~24	10~35	10~35	12~45	14~55	18~60	22~90	22~120	26~160	32~180	40~200	45~200	50~200
l系列		2、3、4、5、6、8、10、12、14、16、18、20、22、24、26、28、30、32、35、40、45、50、55、60、65、75、80、85、90、95、100、120、140、160、180、200																

附表9　平键的剖面及键槽（GB/T 1095—2003）　　　　　　　　　　　mm

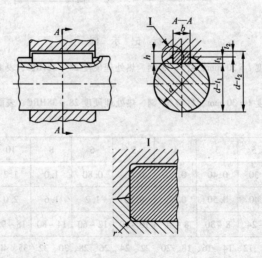

附表9（续）　　　　　　　　　　　　　mm

轴	键	键槽										
		宽度 b					深度				半径 r	
公称直径 d	公称尺寸 b×h	公称尺寸 b	偏差				轴 t		毂 t_1			
			较松键连接		一般键连接		较紧键连接					
			轴 H9	毂 D10	轴 N9	毂 Js9	轴和毂 P9	公称	偏差	公称	偏差	最小	最大
自6～8	2×2	2	+0.0250 +0.020	+0.060 +0.020	-0.004 -0.029	±0.0125	-0.006 -0.031	1.2	+0.10	1	+0.10	0.08	0.16
>8～10	3×3	3						1.8		1.4			
>10～12	4×4	4	+0.0300 +0.030	+0.078 +0.030	0 -0.030	±0.015	-0.012 -0.042	2.5		1.8		0.16	0.25
>12～17	5×5	5						3.0		2.3			
>17～22	6×6	6						3.5		2.8			
>22～30	8×7	8	+0.0360 +0.040	+0.098 +0.040	0 -0.036	±0.018	-0.015 -0.051	4.0		3.3			
>30～38	10×8	10						5.0		3.3			
>38～44	12×8	12	+0.043 0	+0.120 +0.050	0 -0.043	±0.0215	-0.018 -0.061	5.0	+0.20	3.3	+0.20	0.25	0.40
>44～50	14×9	14						5.5		3.8			
>50～58	16×10	16						6.0		4.3			
>58～65	18×11	18						7.0		4.4			
>65～75	20×12	20	+0.052 0	+0.149 +0.065	0 -0.052	±0.026	-0.022 -0.074	7.5		4.9		0.40	0.60
>75～85	22×14	22						9.0		5.4			
>85～95	25×14	25						9.0		5.4			
>95～110	28×16	28						10.0		6.4			

注：1. 在工作图中轴槽深用 t 或（d − t）标注，轮毂槽深用（d + t_1）标注，平键键槽的长度偏差用 H14。

2. L系列：6～22（2进位）、25、28、32、36、40、45、50、56、63、70、80、90、100、110、125、140、160、180、200、220、250、280、320、360、400、450、500。

附表10　深沟球轴承（摘自 GB/T 276—2013）　　　　　mm

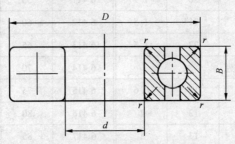

轴承型号	尺寸				轴承型号	尺寸			
	d	D	B	r_{smin}		d	D	B	r_{smin}
01 系列					01 系列				
6 100	10	26	8	0.3	6 102	15	32	9	0.3
6 101	12	28	8	0.3	6 103	17	35	10	0.3

附表 10（续）　　　　　　　　　　　　　　mm

轴承型号	尺　寸				轴承型号	尺　寸			
	d	D	B	r_{smin}		d	D	B	r_{smin}
01 系 列					6 307	35	80	21	1.5
6 104	20	42	12	0.6	6 308	40	90	23	1.5
6 105	25	47	12	0.6	6 309	45	100	25	1.5
6 106	30	55	13	1	6 310	50	110	27	2
6 107	35	62	14	1	6 311	55	120	29	2
6 108	40	68	15	1	6 312	60	130	31	2.1
6 109	45	75	16	1	6 313	65	140	33	2.1
6 110	50	80	16	1	6 314	70	150	35	2.1
6 111	55	90	18	1.1	6 315	75	160	37	2.1
6 112	60	95	18	1.1	6 316	80	170	39	2.1
02 系 列					6 317	85	180	41	3
6 200	10	30	9	0.6	6 318	90	190	43	3
6 201	12	32	10	0.6	04 系 列				
6 202	15	35	11	0.6	6 403	17	62	17	1.1
6 203	17	40	12	0.6	6 404	20	72	19	1.1
6 204	20	47	14	1	6 405	25	80	21	1.5
6 205	25	52	15	1	6 406	30	90	23	1.5
6 206	30	62	16	1	6 407	35	100	25	1.5
6 207	35	72	17	1.1	6 408	40	110	27	2
6 208	40	80	18	1.1	6 409	45	120	29	2
6 209	45	85	19	1.1	6 410	50	130	31	2.1
6 210	50	90	20	1.1	6 411	55	140	33	2.1
6 211	55	100	21	1.5	6 412	60	150	35	2.1
6 212	60	110	22	1.5	6 413	65	160	37	2.1
03 系 列					6 414	70	180	42	3
6 300	10	35	11	0.6	6 415	75	190	45	3
6 301	12	37	12	1	6 416	80	200	48	3
6 302	15	42	13	1	6 417	85	210	52	4
6 303	17	47	14	1	6 418	90	225	54	4
6 304	20	52	15	1.1	6 419	95	240	55	4
6 305	25	62	17	1.1	6 420	100	250	58	4
6 306	30	72	19	1.1					

注：r 为内外圈公称倒角尺寸，r_{smin} 为 r 的单向最小倒角尺寸。

附表11　标准公差数值（摘自 GB／T 1800.1—2009）

基本尺寸/mm		标准公差等级																	
大于	至	IT1	IT2	IT3	IT4	IT5	IT6	IT7	IT8	IT9	IT10	IT11	IT12	IT13	IT14	IT15	IT16	IT17	IT18
		μm											mm						
—	3	0.8	1.2	2	3	4	6	10	14	25	40	60	0.1	0.14	0.25	0.4	0.6	1	1.4
3	6	1	1.5	2.5	4	5	8	12	18	30	48	75	0.12	0.18	0.3	0.48	0.75	1.2	1.8
6	10	1	1.5	2.5	4	6	9	15	22	36	58	90	0.15	0.22	0.36	0.58	0.9	1.5	2.2
10	18	1.2	2	3	5	8	11	18	27	43	70	110	0.18	0.27	0.43	0.7	1.1	1.8	2.7
18	30	1.5	2.5	4	6	9	13	21	33	52	84	130	0.21	0.33	0.52	0.84	1.3	2.1	3.3
30	50	1.5	2.5	4	7	11	16	25	39	62	100	160	0.25	0.39	0.62	1	1.6	2.5	3.9
50	80	2	3	5	8	13	19	30	46	74	120	190	0.3	0.46	0.74	1.2	1.9	3	4.6
80	120	2.5	4	6	10	15	22	35	54	87	140	220	0.35	0.54	0.87	1.4	2.2	3.5	5.4
120	180	3.5	5	8	12	18	25	40	63	100	160	250	0.4	0.63	1	1.6	2.5	4	6.3
180	250	4.5	7	10	14	20	29	46	72	115	185	290	0.46	0.72	1.15	1.85	2.9	4.6	7.2
250	315	6	8	12	16	23	32	52	81	130	210	320	0.52	0.81	1.3	2.1	3.2	5.2	8.1
315	400	7	9	13	18	25	36	57	89	140	230	360	0.57	0.89	1.4	2.3	3.6	5.7	8.9
400	500	8	10	15	20	27	40	63	97	155	250	400	0.63	0.97	1.55	2.5	4	6.3	9.7
500	630	9	11	16	22	32	44	70	110	175	280	440	0.7	1.1	1.75	2.8	4.4	7	11
630	800	10	13	18	25	36	50	80	125	200	320	500	0.8	1.25	2	3.2	5	8	12.5
800	1000	11	15	21	28	40	56	90	140	230	360	560	0.9	1.4	2.3	3.6	5.6	9	14
1000	1250	13	18	24	33	47	66	105	165	260	420	660	1.05	1.65	2.6	4.2	6.6	10.5	16.5
1250	1600	15	21	29	39	55	78	125	195	310	500	780	1.25	1.95	3.1	5	7.8	12.5	19.5
1600	2000	18	25	35	46	65	92	150	230	370	600	920	1.5	2.3	3.7	6	9.2	15	23
2000	2500	22	30	41	55	78	110	175	280	440	700	1100	1.75	2.8	4.4	7	11	17.5	28
2500	3150	26	36	50	68	96	135	210	330	540	860	1350	2.1	3.3	5.4	8.6	13.5	21	33

注：1. 基本尺寸大于 500 的 IT1～IT5 的标准公差数值为试行的。

　　2. 基本尺寸小于或等于 1 mm 时，无 IT14～IT18。

附表 12　基本尺寸至 500 mm

基本尺寸/mm 大于	至	a 11	b 11	b 12	c 9	c 10	c 11*	d 8	d 9*	d 10	d 11	e 7	e 8	e 9
—	3	−270 −330	−140 −200	−140 −240	−60 −85	−60 −100	−60 −120	−20 −34	−20 −45	20 −60	−20 −80	−14 −24	−14 −28	−14 −39
3	6	−270 −345	−140 −215	−140 −260	−70 −100	−70 −118	−70 −145	−30 −48	−30 −60	−30 −78	−30 −105	−20 −32	−20 −38	−20 −50
6	10	−280 −370	−150 −240	−150 −300	−80 −116	−80 −138	−80 −170	−40 −62	−40 −76	−40 −98	−40 −130	−25 −40	−25 −47	−25 −61
10	14	−290 −400	−150 −260	−150 −330	−95 −138	−95 −165	−95 −205	−50 −77	−50 −93	−50 −120	−50 −160	−32 −50	−32 −59	−32 −75
14	18	−290 −400	−150 −260	−150 −330	−95 −138	−95 −165	−95 −205	−50 −77	−50 −93	−50 −120	−50 −160	−32 −50	−32 −59	−32 −75
18	24	−300 −430	−160 −290	−160 −370	−110 −162	−110 −194	−110 −240	−65 −98	−65 −117	−65 −149	−65 −195	−40 −61	−40 −73	−40 −92
24	30	−300 −430	−160 −290	−160 −370	−110 −162	−110 −194	−110 −240	−65 −98	−65 −117	−65 −149	−65 −195	−40 −61	−40 −73	−40 −92
30	40	−310 −470	−170 −330	−170 −420	−120 −182	−120 −220	−120 −280	−80 −119	−80 −142	−80 −180	−80 −240	−50 −75	−50 −89	−50 −112
40	50	−320 −480	−180 −340	−180 −430	−130 −192	−130 −230	−130 −290	−80 −119	−80 −142	−80 −180	−80 −240	−50 −75	−50 −89	−50 −112
50	65	−340 −530	−190 −380	−190 −490	−140 −214	−140 −260	−140 −330	−100 −146	−100 −174	−100 −220	−100 −290	−60 −90	−60 −106	−60 −134
65	80	−360 −550	−200 −390	−200 −500	−150 −224	−150 −270	−150 −340	−100 −146	−100 −174	−100 −220	−100 −290	−60 −90	−60 −106	−60 −134
80	100	−380 −600	−220 −440	−220 −570	−170 −257	−170 −310	−170 −390	−120 −174	−120 −207	−120 −260	−120 −340	−72 −107	−72 −126	−72 −159
100	120	−410 −630	−240 −460	−240 −590	−180 −267	−180 −320	−180 −400	−120 −174	−120 −207	−120 −260	−120 −340	−72 −107	−72 −126	−72 −159
120	140	−460 −710	−260 −510	−260 −660	−200 −300	−200 −360	−200 −450	−145 −208	−145 −245	−145 −305	−145 −395	−85 −125	−85 −148	−85 −185
140	160	−520 −770	−280 −530	−280 −680	−210 −310	−210 −370	−210 −460	−145 −208	−145 −245	−145 −305	−145 −395	−85 −125	−85 −148	−85 −185
160	180	−580 −830	−310 −560	−310 −710	−230 −330	−230 −390	−230 −480	−145 −208	−145 −245	−145 −305	−145 −395	−85 −125	−85 −148	−85 −185
180	200	−660 −950	−340 −630	−340 −800	−240 −355	−240 −425	−240 −530	−170 −242	−170 −285	−170 −355	−170 −460	−100 −146	−100 −172	−100 −215
200	225	−740 −1030	−380 −670	−380 −840	−260 −375	−260 −445	−260 −550	−170 −242	−170 −285	−170 −355	−170 −460	−100 −146	−100 −172	−100 −215
225	250	−820 −1110	−420 −710	−420 −880	−280 −395	−280 −465	−280 −570	−170 −242	−170 −285	−170 −355	−170 −460	−100 −146	−100 −172	−100 −215

优先常用配合轴的极限偏差　　　　　　　　　　　　　　　μm

	f					g			h							
5	6	7*	8	9	5	6*	7	5	6*	7*	8	9*	10	11*	12
−6	−6	−6	−6	−6	−2	−2	−2	0	0	0	0	0	0	0	0
−10	−12	−16	−20	−31	−6	−8	−12	−4	−6	−10	−14	−25	−40	−60	−100
−10	−10	−10	−10	−10	−4	−4	−4	0	0	0	0	0	0	0	0
−15	−18	−22	−28	−40	−9	−12	−16	−5	−8	−12	−18	−30	−48	−75	−120
−13	−13	−13	−13	−13	−5	−5	−5	0	0	0	0	0	0	0	0
−19	−22	−28	−35	−49	−11	−14	−20	−6	−9	−15	−22	−36	−58	−90	−150
−16	−16	−16	−16	−16	−6	−6	−6	0	0	0	0	0	0	0	0
−24	−27	−34	−43	−59	−14	−17	−24	−8	−11	−18	−27	−43	−70	−110	−180
−20	−20	−20	−20	−20	−7	−7	−7	0	0	0	0	0	0	0	0
−29	−33	−41	−53	−72	−16	−20	−28	−9	−13	−21	−33	−52	−84	−130	−210
−25	−25	−25	−25	−25	−9	−9	−9	0	0	0	0	0	0	0	0
−36	−41	−50	−64	−87	−20	−25	−34	−11	−16	−25	−39	−62	−100	−160	−250
−30	−30	−30	−30	−30	−10	−10	−10	0	0	0	0	0	0	0	0
−43	−49	−60	−76	−104	−23	−29	−40	−13	−19	−30	−46	−74	−120	−190	−300
−36	−36	−36	−36	−36	−12	−12	−12	0	0	0	0	0	0	0	0
−51	−58	−71	−90	−123	−27	−34	−47	−15	−22	−35	−54	−87	−140	−220	−350
−43	−43	−43	−43	−43	−14	−14	−14	0	0	0	0	0	0	0	0
−61	−68	−83	−106	−143	−32	−39	−54	−18	−25	−40	−63	−100	−160	−250	−400
−50	−50	−50	−50	−50	−15	−15	−15	0	0	0	0	0	0	0	0
−70	−79	−96	−122	−165	−35	−44	−61	−20	−29	−46	−72	−115	−185	−290	−460

| 基本尺寸/mm | | a | b | | c | | | d | | | | e | | |
大于	至	11	11	12	9	10	11*	8	9*	10	11	7	8	9
250	280	−920 −1240	−480 −800	−480 −1000	−300 −430	−300 −510	−300 −620	−190 −271	−190 −320	−190 −400	−190 −510	−110 −162	−110 −191	−110 −240
280	315	−1050 −1370	−540 −860	−540 −1060	−330 −460	−330 −540	−330 −650							
315	355	−1200 −1560	−600 −960	−600 −1170	−360 −500	−360 −590	−360 −720	−210 −299	−210 −350	−210 −440	−210 −570	−125 −182	−125 −214	−125 −265
355	400	−1350 −1710	−680 −1040	−680 −1250	−400 −540	−400 −630	−400 −760							
400	450	−1500 −1900	−760 −1160	−760 −1390	−440 −595	−440 −690	−440 −840	−230 −327	−230 −385	−230 −480	−230 −630	−135 −198	−135 −232	−135 −290
450	500	−1650 −2050	−840 −1240	−840 −1470	−480 −635	−480 −730	−480 −880							

| 基本尺寸/mm | | js | | | k | | | m | | | n | | | 5 |
大于	至	5	6	7	5	6*	7	5	6	7	5	6*	7	5
—	3	±2	±3	±5	+4 0	+6 0	+10 0	+6 +2	+8 +2	+12 +2	+8 +4	+10 +4	+14 +4	+10 +6
3	6	±2.5	±4	±6	+6 +1	+9 +1	+13 +1	+9 +4	+12 +4	+16 +4	+13 +8	+16 +8	+20 +8	+17 +12
6	10	±3	±4.5	±7	+7 +1	+10 +1	+16 +1	+12 +6	+15 +6	+21 +6	+16 +10	+19 +10	+25 +10	+21 +15
10	14	±4	±5.5	±9	+9 +1	+12 +1	+19 +1	+15 +7	+18 +7	+25 +7	+20 +12	+23 +12	+30 +12	+26 +18
14	18													
18	24	±4.5	±6.5	±10	+11 +2	+15 +2	+23 +2	+17 +8	+21 +8	+29 +8	+24 +15	+28 +15	+36 +15	+31 +22
24	30													
30	40	±5.5	±8	±12	+13 +2	+18 +2	+27 +2	+20 +9	+25 +9	+34 +9	+28 +17	+33 +17	+42 +17	+37 +26
40	50													

（续） μm

f					g			h							
5	6	7*	8	9	5	6*	7	5	6*	7*	8	9*	10	11*	12
−56/−79	−56/−88	−56/−108	−56/−137	−56/−186	−17/−40	−17/−49	−17/−69	0/−23	0/−32	0/−52	0/−81	0/−130	0/−210	0/−320	0/−520
−62/−87	−62/−98	−62/−119	−62/−151	−62/−202	−18/−43	−18/−54	−18/−75	0/−25	0/−36	0/−57	0/−89	0/−140	0/−230	0/−360	0/−570
−68/−95	−68/−108	−68/−131	−68/−165	−68/−223	−20/−47	−20/−60	−20/−83	0/−27	0/−40	0/−63	0/−97	0/−155	0/−250	0/−400	0/−630

p		r		s			t			u		v	x	y	z
6*	7	6	7	5	6*	7	5	6	7	6*	7	6	6	6	6
+12/+6	+16/+6	+16/+10	+20/+10	+18/+14	+20/+14	+24/+14	—	—	—	24/+18	+28/+18	—	+26/+20	—	+32/+26
+20/+12	+24/+12	+23/+15	+27/+15	+24/+19	+27/+19	+31/+19	—	—	—	+31/+23	+35/+23	.	+36/+28	—	+43/+35
+24/+15	+30/+15	+28/+19	+34/+19	+29/+23	+32/+23	+38/+23	—	—	—	+37/+28	+43/+28	—	+43/+34	—	+51/+42
+29/+18	+36/+18	+34/+23	+41/+23	+36/+28	+39/+28	+46/+28	—	—	—	+44/+33	+51/+33		+51/+40	—	+61/+50
												+50/+39	+56/+45		+71/+60
+35/+22	+43/+22	+41/+28	+49/+28	+44/+35	+48/+35	+56/+35	—	—	—	+54/+41	+62/+41	+60/+41	+67/+54	+76/+63	+86/+73
							+50/+41	+54/+41	+62/+41	+61/+48	+69/+48	+68/+55	+77/+64	+88/+75	+101/+88
+42/+26	+51/+26	+50/+34	+59/+34	+54/+43	+59/+43	+68/+43	+59/+48	+64/+48	+73/+48	+76/+60	+85/+60	+84/+68	+96/+80	+110/+94	+128/+112
							+65/+54	+70/+54	+79/+54	+86/+70	+95/+70	+97/+81	+113/+97	+130/+114	+152/+136

附表12

基本尺寸/mm		js			k			m			n			p		
大于	至	5	6	7	5	6*	7	5	6	7	5	6*	7	5	6*	7
50	65	±6.5	±9.5	±15	+15 +2	+21 +2	+32 +2	+24 +11	+30 +11	+41 +11	+33 +20	+39 +20	+50 +20	+45 +32	+51 +32	+62 +32
65	80															
80	100	±7.5	±11	±17	+18 +3	+25 +3	+38 +3	+28 +13	+35 +13	+48 +13	+38 +23	+45 +23	+58 +23	+52 +37	+59 +37	+72 +37
100	120															
120	140	±9	±12.5	±20	+21 +3	+28 +3	+43 +3	+33 +15	+40 +15	+55 +15	+45 +27	+52 +27	67 +27	+61 +43	+68 +43	+83 +43
140	160															
160	180															
180	200	±10	±14.5	±23	+24 +4	+33 +4	+50 +4	+37 +17	+46 +17	+63 +17	+51 +31	+60 +31	+77 +31	+70 +50	+79 +50	+96 +50
200	225															
225	250															
250	280	±11.5	±16	±26	+27 +4	+36 +4	+56 +4	+43 +20	+52 +20	+72 +20	+57 +34	+66 +34	+86 +34	+79 +56	+88 +56	+108 +56
280	315															
315	355	±12.5	±18	±28	+29 +4	+40 +4	+61 +4	+46 +21	+57 +21	+78 +21	+62 +37	+73 +37	+94 +37	+87 +62	+98 +62	+119 +62
355	400															
400	450	±13.5	±20	±31	+32 +5	+45 +5	+68 +5	+50 +23	+63 +23	+86 +23	+67 +40	+80 +40	+103 +40	+95 +68	+108 +68	+131 +68
450	500															

注：带＊号者为优先公差带。

（续）

μm

	r		s			t			u		v	x	y	z
	6	7	5	6*	7	5	6	7	6*	7	6	6	6	6
	+61 +41	+71 +41	+66 +53	+72 +53	+83 +53	+79 +66	+85 +66	+96 +66	+106 +87	+117 +87	+121 +102	+141 +122	+163 +144	+191 +172
	+62 +43	+73 +43	+72 +59	+78 +59	+89 +59	+88 +75	+94 +75	+105 +75	+121 +102	+132 +102	+139 +120	+165 +146	+193 +174	+229 +210
	+73 +51	+86 +51	+86 +71	+93 +71	+106 +71	+106 +91	+113 +91	+126 +91	+146 +124	+159 +124	+168 +146	+200 +178	+236 +214	+280 +258
	+76 +54	+89 +54	+94 +79	+101 +79	+114 +79	+119 +104	+126 +104	+139 +104	+166 +144	+179 +144	+194 +172	+232 +210	+276 +254	+332 +310
	+88 +63	+103 +63	+110 +92	+117 +92	+132 +92	+140 +122	+147 +122	+162 +122	+195 +170	+210 +170	+227 +202	+273 +248	+320 +300	+390 +365
	+90 +65	+105 +65	+118 +100	+125 +100	+140 +100	+152 +134	+159 +134	+174 +134	+215 +190	+230 +190	+253 +228	+305 +280	+365 +340	+440 +415
	+93 +68	+108 +68	+126 +108	+133 +108	+148 +108	+164 +146	+171 +146	+186 +146	+235 +210	+250 +210	+277 +252	+335 +310	+405 +380	+490 +465
	+106 +77	+123 +77	+142 +122	+151 +122	+168 +122	+186 +166	+195 +166	+212 +166	+265 +236	+282 +236	+313 +284	+379 +350	+454 +425	+549 +520
	+109 +80	+126 +80	+150 +130	+159 +130	+176 +130	+200 +180	+209 +180	+226 +180	+287 +258	+304 +258	+339 +310	+414 +385	+499 +470	+604 +575
	+113 +84	+130 +84	+160 +140	+169 +140	+186 +140	+216 +196	+225 +196	+242 +196	+313 +284	+330 +284	+369 +340	+454 +425	+549 +520	+669 +640
	+126 +94	+146 +94	+181 +158	+190 +158	+210 +158	+241 +218	+250 +218	+270 +218	+347 +315	+367 +315	+417 +385	+507 +475	+612 +580	+742 +710
	+130 +98	+150 +98	+193 +170	+202 +170	+222 +170	+263 +240	+272 +240	+292 +240	+382 +350	+402 +350	+457 +425	+557 +525	+682 +650	+822 +790
	+144 +108	+165 +108	+215 +190	+226 +190	+247 +190	+293 +268	+304 +268	+325 +268	+426 +390	+447 +390	+551 +475	+626 +590	+766 +730	+936 +900
	+150 +114	+171 +114	+233 +208	+244 +208	+265 +208	+319 +294	+330 +294	+351 +294	+471 +435	+492 +435	+566 +530	+696 +660	+856 +820	+1036 +1000
	+166 +126	+189 +126	+259 +232	+272 +232	+295 +232	+357 +330	+370 +330	+393 +330	+530 +490	+553 +490	+635 +595	+780 +740	+960 +920	+1140 +1100
	+172 +132	+195 +132	+279 +252	+292 +252	+315 +252	+387 +360	+400 +360	+423 +360	+580 +540	+603 +540	+700 +660	+860 +820	+1040 +1000	+1290 +1250

基本尺寸/mm		A	B		C	D				E	
大于	至	11	11	12	11*	8	9*	10	11	8	9
—	3	+330 +270	+200 +140	+240 +140	+120 +60	+34 +20	+45 +20	+60 +20	+80 +20	+28 +14	+39 +14
3	6	+345 +270	+215 +140	+260 +140	+145 +70	+48 +30	+60 +30	+78 +30	+105 +30	+38 +20	+50 +20
6	10	+370 +280	+240 +150	+300 +150	+170 +80	+62 +40	+76 +40	+98 +40	+130 +40	+47 +25	+61 +25
10	14	+400 +290	+260 +150	+330 +150	+205 +95	+77 +50	+93 +50	+120 +50	+160 +50	+59 +32	+75 +32
14	18										
18	24	+430 +300	+290 +160	+370 +160	+240 +110	+98 +65	+117 +65	+149 +65	+195 +65	+73 +40	+92 +40
24	30										
30	40	+470 +310	+330 +170	+420 +170	+280 +120	+119 +80	+142 +80	+180 +80	+240 +80	+89 +50	+112 +50
40	50	+480 +320	+340 +180	+430 +180	+290 +130						
50	65	+530 +340	+380 +190	+490 +190	+330 +140	+146 +100	+170 +100	+220 +100	+290 +100	+106 +60	+134 +60
65	80	+550 +360	+390 +200	+500 +200	+340 +150						
80	100	+600 +380	+440 +220	+570 +220	+390 +170	+174 +120	+207 +120	+260 +120	+340 +120	+126 +72	+159 +72
100	120	+630 +410	+460 +240	+590 +240	+400 +180						
120	140	+710 +460	+510 +260	+660 +260	+450 +200						
140	160	+770 +520	+530 +280	+680 +280	+460 +210	+208 +145	+245 +145	+305 +145	+395 +145	+148 +85	+185 +85
160	180	+830 +580	+560 +310	+710 +310	+480 +230						

优先常用配合孔的极限偏差　　　　　　　　　　　　　μm

F				G		H						
6	7*	8*	9*	6	7*	6	7*	8*	9*	10	11*	12
+12 +6	+16 +6	+20 +6	+31 +6	+8 +2	+12 +2	+6 0	+10 0	+14 0	+25 0	+40 0	+60 0	+100 0
+18 +10	+22 +10	+28 +10	+40 +10	+12 +4	+16 +4	+8 0	+12 0	+18 0	+30 0	+48 0	+75 0	+120 0
+22 +13	+28 +13	+35 +13	+49 +13	+14 +5	+20 +5	+9 0	+15 0	+22 0	+36 0	+58 0	+90 0	+150 0
+27 +16	+34 +16	+43 +16	+59 +16	+17 +6	+24 +6	+11 0	+18 0	+27 0	+43 0	+70 0	+110 0	+180 0
+33 +20	+41 +20	+53 +20	+72 +20	+20 +7	+28 +7	+13 0	+21 0	+33 0	+52 0	+84 0	+130 0	+210 0
+41 +25	+50 +25	+64 +25	+87 +25	+25 +9	+34 +9	+16 0	+25 0	+39 0	+62 0	+100 0	+160 0	+250 0
+49 +30	+60 +30	+76 +30	+104 +30	+29 +10	+40 +10	+19 0	+30 0	+46 0	+74 0	+120 0	+190 0	+300 0
+58 +36	+71 +36	+90 +36	+123 +36	+34 +12	+47 +12	+22 0	+35 0	+54 0	+87 0	+140 0	+220 0	+350 0
+68 +43	+83 +43	+106 +43	+143 +43	+39 +14	+54 +14	+25 0	+40 0	+63 0	+100 0	+160 0	+250 0	+400 0

基本尺寸/mm		A	B		C	D				E	
大于	至	11	11	12	11*	8	9*	10	11	8	9
180	200	+950 +660	+630 +340	+800 +340	+530 +240						
200	225	+1030 +740	+670 +380	+840 +380	+550 +260	+242 +170	+285 +170	+355 +170	+460 +170	+172 +100	+215 +100
225	250	+1110 +820	+710 +420	+880 +420	+570 +280						
250	280	+1240 +920	+800 +480	+1000 +480	+620 +300	+271 +190	+320 +190	+400 +190	+510 +190	+191 +110	+240 +110
280	315	+1370 +1050	+860 +540	+1060 +540	+650 +330						
315	355	+1560 +1200	+960 +600	+1170 +600	+720 +360	+299 +210	+350 +210	+440 +210	+570 +210	+214 +125	+265 +125
355	400	+1710 +1350	+1040 +680	+1250 +680	+760 +400						
400	450	+1900 +1500	+1160 +760	+1390 +760	+840 +440	+327 +230	+385 +230	+480 +230	+630 +230	+232 +135	+290 +135
450	500	+2050 +1650	+1240 +840	+1470 +840	+880 +480						

基本尺寸/mm		Js			K			M		
大于	至	6	7	8	6	7*	8	6	7	8
—	3	±3	±5	±7	0 −6	0 −10	0 −14	−2 −8	−2 −12	−2 −16
3	6	±4	±6	±9	+2 −6	+3 −9	+5 −13	−1 −9	0 −12	+2 −16
6	10	±4.5	±7	±11	+2 −7	+5 −10	+6 −16	−3 −12	0 −15	+1 −21
10	14	±5.5	±9	±13	+2 −9	+6 −12	+8 −19	−4 −15	0 −18	+2 −25
14	18									
18	24	±6.5	±10	±16	+2 −11	+6 −15	+10 −23	−4 −17	0 −21	+4 −29
24	30									

（续）　　　　　　　　　　　　　　　　　　　　　　　　　　　　μm

F				G		H						
6	7*	8*	9*	6	7*	6	7*	8*	9*	10	11*	12
+79 +50	96 +50	+122 +50	+165 +50	+44 +15	+61 +15	+29 0	+46 0	+72 0	+115 0	+185 0	+290 0	+460 0
+88 +56	+108 +56	+137 +56	+186 +56	+49 +17	+69 +17	+32 0	+52 0	+81 0	+130 0	+210 0	+320 0	+520 0
+98 +62	+119 +62	+151 +62	+202 +62	+54 +18	+75 +18	+36 0	+57 0	+89 0	+140 0	+230 0	+360 0	+570 0
+108 +68	+131 +68	+165 +68	+223 +68	+60 +20	+83 +20	+40 0	+64 0	+97 0	+155 0	+250 0	+400 0	+630 0

N			P		R		S		T		U
6	7*	8	6	7*	6	7	6	7*	6	7	7*
−4 −10	−4 −14	−4 −18	−6 −12	−6 −16	−10 −16	−14 −20	−14 −20	−14 −24	—	—	−18 −28
−5 −13	−4 −16	−2 −20	−9 −17	−8 −20	−12 −20	−11 −23	−16 −24	−15 −27	—	—	−19 −31
−7 −16	−4 −19	−3 −25	−12 −21	−9 −24	−16 −25	−13 −28	−20 −29	−17 −32	—	—	−22 −37
−9 −20	−5 −23	−3 −30	−15 −26	−11 −29	−20 −31	−16 −34	−25 −36	−21 −39	—	—	−26 −44
−11 −24	−7 −28	−3 −36	−18 −31	−14 −35	−24 −37	−20 −41	−31 −44	−27 −48	— −37 −50	— −33 −54	−33 −54 −40 −61

基本尺寸/mm		Js			K			M		
大于	至	6	7	8	6	7*	8	6	7	8
30	40	±8	±12	±19	+3 −13	+7 −18	+12 −27	−4 −20	0 −25	+5 −34
40	50									
50	65	±9.5	±15	±23	+4 −15	+9 −21	+14 −32	−5 −24	0 −30	+5 −41
65	80									
80	100	±11	±17	±27	+4 −18	+10 −25	+16 −38	−6 −28	0 −35	+6 −48
100	120									
120	140	±12.5	±20	±31	+4 −21	+12 −28	+20 −43	−8 −33	0 −40	+8 −55
140	160									
180	200	±14.5	±23	±36	+5 −24	+13 −33	+22 −50	−8 −37	0 −46	+9 −63
200	225									
225	250									
250	280	±16	±26	±40	+5 −27	+16 −36	+25 −56	−9 −41	0 −52	+9 −72
280	315									
315	355	±18	±28	±44	+7 −29	+17 −40	+28 −61	−10 −46	0 −57	+11 −78
355	400									
400	450	±20	±31	±48	+8 −32	+18 −45	+29 −68	−10 −50	0 −63	+11 −86
450	500									

注：带 * 号者为优先公差带。

(续)　　　　　　　　　　　　　　　　　　　　　　　　　　　　μm

N			P		R		S		T		U
6	7*	8	6	7*	6	7	6	7*	6	7	7*
-12 -28	-8 -33	-3 -42	-21 -37	-17 -42	-29 -45	-25 -50	-38 -54	-34 -59	-43 -59	-39 -64	-51 -76
									-49 -65	-45 -70	-61 -86
-14 -33	-9 -39	-4 -50	-26 -45	-21 -51	-35 -54	-30 -60	-47 -66	-42 -72	-60 -79	-55 -85	-76 -106
					-37 -56	-32 -62	-53 -72	-48 -78	-69 -88	-64 -94	-91 -121
-16 -38	-10 -45	-4 -58	-30 -52	-24 -59	-44 -66	-38 -73	-64 -86	-58 -93	-84 -106	-78 -113	-111 -146
					-47 -69	-41 -76	-72 -94	-66 -101	-97 -119	-91 -126	-131 -166
-20 -45	-12 -52	-4 -67	-36 -61	-28 -68	-56 -81	-48 -88	-85 -110	-77 -117	-115 -140	-107 -147	-155 -195
					-58 -83	-50 -90	-93 -118	-85 -125	-127 -152	-119 -159	-175 -215
					-61 -86	-53 -93	-101 -126	-93 -133	-139 -164	-131 -171	-195 -235
-22 -51	-14 -60	-5 -77	-41 -70	-33 -79	-68 -97	-60 -106	-113 -142	-105 -151	-157 -186	-149 -195	-219 -265
					-71 -100	-63 -109	-121 -150	-113 -159	-171 -200	-163 -209	-241 -287
					-75 -104	-67 -113	-131 -160	-123 -169	-187 -216	-179 -225	-267 -313
-25 -57	-14 -66	-5 -86	-47 -79	-36 -88	-85 -117	-74 -126	-149 -181	-138 -190	-209 -241	-198 -250	-295 -347
					-89 -121	-78 -130	-161 -193	-150 -202	-231 -263	-220 -272	-330 -382
-26 -62	-16 -73	-5 -94	-51 -87	-41 -98	-97 -133	-87 -144	-179 -215	-169 -226	-257 -293	-247 -304	-369 -426
					-103 -139	-93 -150	-197 -233	-187 -244	-283 -319	-273 -330	-414 -471
-27 -67	-17 -80	-6 -103	-55 -95	-45 -108	-113 -153	-103 -166	-219 -259	-209 -272	-317 -357	-307 -370	-467 -530
					-119 -159	-109 -172	-239 -279	-229 -292	-347 -387	-337 -400	-517 -58

参 考 文 献

[1] 郭建尊. 机械制图及计算机绘图 [M]. 北京：中国劳动社会保障出版社，2009.

[2] 杨桢. 机械制图与 AutoCAD [M]. 北京：煤炭工业出版社，2009.

[3] 蒋知民. 怎样识读《机械制图》新标准 [M]. 北京：机械工业出版社，2009.

[4] 刘胜利. 机械制图与习题集 [M]. 徐州：中国矿业大学出版社，2008.

[5] 朱泗芳，徐绍军. 工程制图 [M]. 北京：高等教育出版社，2006.

[6] 刘力. 机械制图 [M]. 北京：高等教育出版社，2002.

[7] 王其昌. 机械制图 [M]. 北京：机械工业出版社，2001.

[8] 机械工业职业技能鉴定指导中心. 机械识图与制图 [M]. 北京：机械工业出版社，1999.

[9] 毛之颖. 机械制图与习题集 [M]. 北京：高等教育出版社，1995.

[10] 鞍山钢铁学校，沈阳市机电工业学校等七校编. 机械制图 [M]. 北京：机械工业出版社，1990.

[11] 贺志平，任耀亭. 画法几何与机械制图 [M]. 北京：高等教育出版社，1989.

图书在版编目（CIP）数据

机械制图/张映锟主编．--2版．--北京：煤炭工业
出版社，2017

中等职业教育"十三五"规划教材

ISBN 978 - 7 - 5020 - 5815 - 9

Ⅰ.①机… Ⅱ.①张… Ⅲ.①机械制图—中等专业学
校—教材 Ⅳ.①TH126

中国版本图书馆 CIP 数据核字（2017）第 097464 号

机械制图 第 2 版（中等职业教育"十三五"规划教材）

主 编 张映锟
责任编辑 张 成 籍 磊
责任校对 张晔辉
封面设计 王 滨

出版发行 煤炭工业出版社（北京市朝阳区芍药居 35 号 100029）
电 话 010 - 84657898（总编室）
 010 - 64018321（发行部） 010 - 84657880（读者服务部）
电子信箱 cciph612@126.com
网 址 www.cciph.com.cn
印 刷 北京玥实印刷有限公司
经 销 全国新华书店
开 本 787mm×1092mm$^{1}/_{16}$ 印张 $11^{1}/_{4}$ 字数 262 千字
版 次 2017 年 8 月第 2 版 2017 年 8 月第 1 次印刷
社内编号 8695 定价 22.00 元